Gasphasendiagnostik in diamantabscheidenden Flammen

Dissertation zur Erlangung des Doktorgrades
der Naturwissenschaften

der Fakultät für Chemie an der
Universität Bielefeld

vorgelegt von

Astrid Löwe

Bielefeld, April 1999

Herstellung: Libri Books on Demand
ISBN 3-89811-583-6

Wesentliche Teile dieser Arbeit wurden bisher in folgender Form veröffentlicht:

Artikel:

„Diamond deposition in low-pressure acetylene flames: *In situ* temperature and species concentration measurements by laser diagnostics and molecular beam mass spectrometry"
A.G. Löwe, A.T. Hartlieb, J. Brand, B. Atakan, K. Kohse-Höinghaus
Combust. Flame **118**, 37-50 (1999).

„Investigations of the gas phase mechanism of diamond deposition in combustion CVD"
A.G. Löwe, B. Atakan, K. Kohse-Höinghaus
Manuskript, angenommen zur Veröffentlichung in Thin Solid Films, voraussichtlicher Erscheinungstermin Januar 2000.

Tagungsbeiträge:

„Gasphasendiagnostik bei der Diamantabscheidung in Acetylen/Sauerstoff-Flammen bei 50 mbar"
A.G. Löwe, A.T. Hartlieb, W. Kreutner, B. Atakan, K. Kohse-Höinghaus
D-A-CH Kolloquium '96, Les Diablerets, Schweiz, 24. - 27.9.1996

„Gasphasendiagnostik bei der Diamantabscheidung in Acetylen/Sauerstoff-Flammen bei 50 mbar"
A.G. Löwe, A.T. Hartlieb, J. Brand, B. Atakan, K. Kohse-Höinghaus
D-A-CH Kolloquium '97, Altlengbach, Österreich, 30.9. - 3.10.1997

„Untersuchungen zum Mechanismus der Diamantabscheidung in Niederdruckflammen"
A.G. Löwe, B. Atakan, K. Kohse-Höinghaus
D-A-CH Kolloquium '98, Giengen, Deutschland, 6. - 8.10.1998

Abstract

Diamond is a material with outstanding properties, and the development of diamond synthesis techniques at low pressure by chemical vapour deposition methods has opened new fields of technical applications. Although many groups have contributed to the understanding of the deposition process, the mechanism of diamond growth is not sufficiently understood for using the entire technical potential of this material. One of the most interesting questions is the correlation between the composition of the gas phase and the properties of the resulting diamond films.

Therefore, diamond deposition in flat, premixed acetylene-oxygen-argon-flames at 50 mbar was investigated to characterize the reactive gas phase in the vicinity of the substrate. Flames, with and without a substrate present, were analyzed as a function of stoichiometry. Also, the distance between the substrate and the burner surface was varied. Optimal conditions for the deposition of diamond films were found for oxygen-acetylene ratios of 1.3 and 1.4 and at distances between the substrate and the burner surface of 8, 9 and 10 mm.

The flame structure in this region was investigated. In particular, gas temperature and OH radical concentration were measured by laser-induced fluorescence of the OH radical. Furthermore, hydrogen atoms were monitored using three-photon excitation and subsequent fluorescence detection. Molecular beam mass spectrometry was employed to obtain an overview of stable species and hydrocarbon intermediates. Finally, simulations of the investigated flames in dependence of stoichiometry were performed.

The results are consistent with earlier observations, which stress the importance of H and CH_3 radicals for the diamond deposition process. In addition, the data indicate the participation of hydrocarbon species with more than 2 carbon atoms, e.g. C_3H_3, C_4H_3 and C_xH_2 ($x = 4, 6, 8$), in the gas phase reactions controlling the deposition of diamond. An active role for these species in diamond chemical vapour deposition has not been discussed before. Correspondingly, the concentrations of these species, especially those of the polyacetylenes, were not suitably described by numerical simulations of the deposition process, in contrast to those of the most stable species and intermediates.

As an interpretation, diamond deposition seems to be controlled by a counterbalance between OH radicals and hydrocarbon intermediates at a position in the flame where sufficient H atoms and CH_3 radicals are present to support diamond film growth.

Inhaltsverzeichnis

1 Einleitung   1

2 Diamantsynthese in Flammen   5

   2.1 Flammen   7

     2.1.1 Atmosphärendruckflammen   8

     2.1.2 Niederdruckflammen   10

     2.1.3 Gasphasenreaktionen   12

   2.2 Diamantwachstum   14

     2.2.1 Nukleationsprozesse   14

     2.2.2 Oberflächenreaktionen   17

     2.2.3 Kristallwachstum   22

   2.3 Methodik   24

     2.3.1 RAMAN-Spektroskopie   25

     2.3.2 Laserinduzierte Fluoreszenz-Spektroskopie   27

     2.3.3 Molekularstrahl-Massenspektrometrie   34

     2.3.4 Simulation   38

3 Experimentelle Methoden   43

   3.1 Flammen   43

   3.2 Diamantabscheidung und Charakterisierung   47

   3.3 Laserinduzierte Fluoreszenz (LIF)   48

     3.3.1 OH-LIF   48

     3.3.2 H-LIF   50

   3.4 Molekularstrahl-Massenspektrometrie (MBMS)   50

   3.5 Gasphasensimulation   54

4 Ergebnisse und Diskussion   **55**

    4.1 Diamantabscheidung 56

         4.1.1 Bestimmung der Abscheidungsbedingungen 56

         4.1.2 Optimierung der Abscheidungsergebnisse 58

    4.2 Gasphasendiagnostik 61

         4.2.1 Temperatur 61

         4.2.2 OH-Konzentrationen 65

         4.2.3 H-Atom-Fluoreszenz 67

         4.2.4 Kohlenwasserstoffe 71

    4.3 Gasphasensimulation 80

         4.3.1 Wahl des Temperaturprofils 81

         4.3.2 Simulation der Flammenbedingungen bei $R = 1,4$ 84

         4.3.3 Stöchiometrieabhängige Simulationen 88

5 Zusammenfassung   **95**

6 Anhang   **99**

An dieser Stelle möchte ich mich bei einer Vielzahl von Personen bedanken, die zum Gelingen dieser Arbeit beigetragen haben.

Prof. Dr. Katharina Kohse-Höinghaus danke ich für ihre intensive Betreuung, interessante Diskussionen und ihre ständige Bereitschaft zur Unterstützung bei auftretenden Problemen.

Bei Dr. Burak Atakan bedanke ich mich für seine Anregungen, die häufig den Blick auf das Wesentliche lenkten, und die Durchsicht des Manuskriptes.

Für die freundliche Übernahme des Korreferates bedanke ich mich bei Prof. Dr. J. Mattay.

Jörg Brand gilt mein Dank für die Durchführung eines Teils der massenspektrometrischen Untersuchungen.

Iolanda Hattesohl danke ich für die Charakterisierung der Diamantschichten mittels Raster-Elektronen-Mikroskopie und die Aufnahme eines Teils der RAMAN-Spektren.

Meinen Blockpraktikanten Dirk Eisner, Jörg Kleimann, Daniel Noveski, Karsten Schmidt, Heiko Schulz, Bert Wangler, Michael Wind und Bodo Wixmerten danke ich für ihre interessierte Mitarbeit.

Der Deutschen Forschungsgemeinschaft schulde ich Dank für die großzügige Bereitstellung finanzieller Mittel für das Projekt „Mechanistische Untersuchungen zur Nukleation und Wachstum von Diamant in Flammen" im Rahmen des Schwerpunktprogrammes „Synthese superharter Materialien" (Ko 1363/3-1 und Ko 1363/3-2).

Den Mitarbeiterinnen und Mitarbeitern der Arbeitsgruppe PCI danke ich für das angenehme Arbeitsklima, sowie die stete Diskussions- und Hilfsbereitschaft. Hierbei geht ein besonderer Dank an Ulf Bergmann für die freundliche und hilfreiche Einweisung in die Technik des CVD-Verfahrens und an Tobias Hartlieb für Unterstützung und zahlreiche Diskussionen im Rahmen der laserspektroskopischen Gasphasendiagnostik.

Darüber hinaus gilt Ulf Bergmann, Tobias Hartlieb und Timm Krägenow mein Dank für ihre wertvollen Anmerkungen zum Manuskript, die merklich zur Verständlichkeit dieser Arbeit beigetragen haben.

Diamonds are a girl's best friend.

>Marilyn Monroe, 1952

1 Einleitung

Der Diamant fasziniert den Menschen seit Jahrtausenden. Wegen seiner großen Härte hieß er schon in der Antike „Adamas", der Unbezwingbare. Aufgrund seines feurigen Funkelns - bedingt durch seinen hohen Brechungsindex - begehren die Menschen diesen in der Natur nur äußerst selten vorkommenden Edelstein schon viele tausend Jahre. Heute interessieren sich außerdem Wissenschaft und Industrie für den Werkstoff Diamant, der durch seine besonderen Eigenschaften einzigartige technische Anwendungmöglichkeiten bietet.
So ist der Diamant resistent gegen Säuren und Basen sowie ultraviolette, RÖNTGEN- und γ-Strahlung. Wegen seiner Transparenz für infrarotes, sichtbares und ultraviolettes Licht bis zur Absorptionskante von 230 nm wird Diamant als Fenstermaterial und für optische Vergütungsschichten eingesetzt. Seine extreme Härte und die mit Teflon vergleichbaren Gleiteigenschaften führen zu vielfältigen Anwendungen in Schneid- und Zerspanungstechniken, den bisher wichtigsten technischen Anwendungsgebieten von Diamant. Aufgrund der besonders guten Wärmeleitfähigkeit wird Diamant außerdem als Wärmesenke in elektronischen Hochleistungsbauelementen verwendet. Mit einer Bandlücke von 5,4 eV ist er ein guter Isolator. Technisch noch nicht zufriedenstellend gelungen ist die gezielte Dotierung und der Einsatz als Halbleitermaterial für elektronische Anwendungen, für die ihn die große Bandlücke und die hohe Ladungsträgerbeweglichkeit empfehlen.

Die besonderen Eigenschaften von Diamant führten zu vielen Versuchen ihn künstlich herzustellen. Dabei ist das Hauptproblem die thermodynamische Metastabilität dieser Kohlenstoffmodifikation. Nur die hohe notwendige Aktivierungsenergie für die Umwandlung von Diamant zu Graphit verhindert den Phasenübergang. Die Tatsache, daß Diamant bei hohen Drücken ($\geq$ 2 GPa) die stabilere Form des Kohlenstoff ist, machte man sich Anfang der 50er Jahre bei der Entwicklung des Hochdruck-Hochtemperatur-Verfahrens zur Diamantherstellung zu Nutze.
Dieses Verfahren, mit dem 1990 weltweit fast 60 t Diamant hergestellt wurden,[32] bringt allerdings nur kleine Diamantkristalle hervor und läßt nicht die Direktbeschichtung von Werkzeugen zu. Neuere Diamant-Anwendungen als Wärmesenke, Fenstermaterial oder Werkstoff für elektronische Anwendungen

erfordern jedoch, daß Diamant als kristalline Schicht hergestellt werden kann, die bei Bedarf gezielt dotiert wird. Die Möglichkeit, Diamant zu synthetisieren, der diesen Anforderungen entspricht, bieten potentiell Chemical-Vapour-Deposition-(CVD)-Verfahren, in denen Diamant bei niedrigen Drücken aus der Gasphase abgeschieden wird.
Erste Erfolge, Diamant mittels CVD-Verfahren herzustellen, verzeichneten amerikanische Arbeitsgruppen um EVERSOLE[47] und ANGUS[4] sowie russische Wissenschaftler unter der Leitung von DERJAGIN[40] in den 50er und 60er Jahren. Der Durchbruch gelang den Moskauer Wissenschaftlern mit der Synthese von Diamant auf Fremdmaterialien wie Silicium, Kupfer, Molybdän und Wolfram.[39] Ihre in russischer Sprache publizierten Erfolge blieben jedoch bis zu ihrer Übersetzung ins Englische im Jahre 1981 außerhalb Rußlands weitgehend unbeachtet.[11]
Ihre Ergebnisse wurden Anfang 1982 duch Arbeiten japanischer Wissenschaftler vom National Institute of Inorganic Materials (NIRIM) bestätigt und durch weitere Neuerungen ergänzt. Das war die Grundlage für die internationale Forschung an der metastabilen Diamantsynthese, die zur Entwicklung verschiedener CVD-Methoden[12,44] geführt hat. Je nach Verfahren erhält man Wachstumraten von bis zu 1000 μm/h oder homogene Beschichtungen über eine Fläche von bis zu 80 cm^2.

Wenn auch Veröffentlichungen vieler Arbeitsgruppen das Verständnis der in diesen Verfahren ablaufenden Prozesse erhöht haben,[5,30,56,88] so ist der Wachstumsprozeß bisher nur in seinen Grundzügen verstanden. Für die Optimierung der Diamantschichten ist ein weitergehendes Verständnis des Mechanismus jedoch unerläßlich. Hierfür wurden bisher Gasphasenkonzentrationen einzelner relevanter Spezies wie zum Beispiel von atomarem Wasserstoff,[19,37,78] Methylradikal,[34,103,142] C_2-Molekül,[79,80,92,150] C_3-Radikal[79,122] und CH-Radikal[75,79,92,150] untersucht.
Die bisherigen Untersuchungen beziehen sich in der Regel jedoch nur auf einzelne Radikale oder eine begrenzte Anzahl von Spezies. Zusätzlich wird nur selten die Veränderung der Gasphasenkomponenten in Abhängigkeit von den Prozeßbedingungen oder im Zusammenhang mit den Abscheidungsbedingungen untersucht.
Besonders geeignet für die detaillierte Untersuchung der Rekationsmechanismen der Diamantabscheidung ist das Flammen-CVD-Verfahren unter Niederdruckbedingungen. Die ebenen, vorgemischten Flammen, die in dieser Methode

verwendet werden, zeichnen sich durch einfache Strömungsgeometrie und eindimensionalen Reaktionsverlauf aus. Die aufgeweitete Reaktionszone ermöglicht eine räumlich aufgelöste Gasphasendiagnostik und ist sowohl für Laserspektroskopie als auch für Massenspektrometrie zugänglich. Darüber hinaus existieren für diesen Flammentyp vielfach geteste numerische Programme, mit denen unter Verwendung postulierter Mechanismen Gasphasenbedingungen und Diamantwachstum simuliert werden können.

Ziel der vorliegenden Arbeit ist es, den Wachstumsmechanismus im Detail aufzuklären. Dazu wird erstmals umfassend die Zusammensetzung der Gasphase analysiert und der Zusammenhang mit der Beschaffenheit der erhaltenen Schichten ermittelt. Hierfür wird zunächst die Diamantabscheidung in Acetylen-Sauerstoff-Argon-Flammen bei einem Druck von 50 mbar in Abhängigkeit von Stöchiometrie und Brenner-Substrat-Abstand untersucht. Dabei wird die Qualität der Abscheidungsergebnisse mit RAMAN-Spektroskopie und Raster-Elektronen-Mikroskopie bestimmt.

Unter den so ermittelten Abscheidungsbedingungen für Diamant wird die Gasphase mit Substrat durch Bestimmung der Temperatur und Gasphasenspezies in Abhängigkeit von der Distanz zur Brenneroberfläche detailliert charakterisiert. Um Hinweise auf die Oberflächenaktivität der Gasphasenspezies zu gewinnen, werden die Veränderungen durch Entfernen des Substrats untersucht. Um festzustellen, welche Veränderungen der Gasphase mit der Stöchiometrieabhängigkeit der Abscheidungsergebnisse korrelieren, wird die Gasphase ergänzend über einen weiten Stöchiometriebreich charakterisiert. Dazu werden mit laserinduzierter Fluoreszenz die Gasphasentemperatur als fundamentale Größe in Verbrennungsprozessen und die Konzentration von H- und OH-Radikalen, die in viele Elementarreaktionen der Gasphase und an der Diamantoberfläche involviert sind, bestimmt. Komplementär erhält man über massenspektrometrische Analyse der Gasphase einen Überblick über die Konzentrationen stabiler und reaktiver Kohlenwasserstoffe. Im Anschluß werden die Gasphasenbedingungen simuliert und mit den Ergebnissen des Experimentes verglichen.

Diese Vorgehensweise soll aufklären, welche Spezies in welchen Mengen unter Abscheidungsbedingungen vorhanden sind. Zusätzlich sollen die Parametervariationen Hinweise darauf liefern, inwiefern vorhandene Spezies die Beschaffenheit der Diamantfilme beeinflussen und das Schichtwachstum begrenzen.

2 Diamantsynthese in Flammen

Die metastabile Synthese von Diamant wird durch verschiedene CVD-Verfahren realisiert, die auf einem gemeinsamen Prinzip basieren. Durch Aktivierung einer kohlenstoffhaltigen Gasphase werden Radikale erzeugt, die an der Substratoberfläche das Diamantwachstum bewirken. Entscheidend für die Qualität abgeschiedener Diamantfilme ist, inwiefern die Bildung von graphitischen Strukturen unterdrückt wird, bzw. entstandene graphitische Strukturen selektiv über Ätzprozesse entfernt werden.

CVD-Verfahren zur Abscheidung von Diamant arbeiten bei Substrattemperaturen von 600 bis 1000 °C und Drücken zwischen 20 mbar und 1 atm[a]. Eine gute Übersicht über Verfahrensbedingungen verwendeter Methoden findet sich bei BACHMANN und VAN ENCKEVORT.[12] Eine ausführlichere Beschreibung ist von DISCHLER und WILD in „Low-Pressure Synthetic Diamond" dargestellt.[44] Die vier wichtigsten Methoden zur Herstellung von Diamant sind Hot-Filament-CVD[b], Mikrowellen-CVD, Plasmajet-CVD[b] und Flammen-CVD. Um das in dieser Arbeit untersuchte Flammen-CVD-Verfahren bzgl. der verwendeten Methoden einzuordnen, werden die drei anderen Methoden kurz vorgestellt und im Anschluß wird detaillierter auf das Flammen-CVD-Verfahren eingegangen.

In den drei erstgenannten Verfahren besteht die Gasphase überwiegend aus Wasserstoff und einem geringen Anteil ($\leq 5\%$) einer kohlenstoffhaltigen Spezies, für die in der Regel Methan verwendet wird.

Im Hot-Filament-CVD werden mit einem elektrisch auf ≈ 2000 °C geheizten Draht (W, Mo, Ta) Gasmischungen aktiviert. Die Diamantabscheidung findet in einer Wasserstoffatmosphäre mit einem Methan-Anteil von $\approx 4\%$ bei einem Druck von 20 bis 100 mbar statt. Das Substrat ist in der Regel 1 cm vom Filament entfernt und wird auf 650 bis 1050 °C geheizt.[12] Die Methode zeichnet sich besonders durch den einfachen Aufbau aus. Geringe Wachstumsraten von wenigen μm/h und Metallverunreinigungen der abgeschiedenen Schichten schränken die Anwendung jedoch ein. Darüber hinaus

---

[a] 1 atm = 1,013 bar = $1,013 * 10^5$ Pa

[b] Da der englische Begriff für dieses Verfahren auch im deutschen Sprachraum gebräuchlicher ist als die deutsche Übersetzung, wird auch hier der angelsächsische Terminus verwendet.

führen Alterungsprozesse des Drahtes zu einer unerwünschten Instabilität des Hot-Filament-Reaktors.

Im Mikrowellen-CVD-Verfahren wird mit einer Frequenz von 2,45 GHz bei Drücken von 10 bis 200 mbar ein kugelförmiges Plasma erzeugt. Über die Mikrowellenleistung und den Druck kann die Größe und Position des erzeugten Plasmas und damit die Größe der abgeschiedenen Diamantschichten gesteuert werden. Die Frischgaszusammensetzung und die Wachstumsraten sind mit dem Hot-Filament-CVD-Verfahren vergleichbar.[54] Vorteilhaft ist die große Langzeitstabilität der Reaktoren und die Skalierbarkeit auf Flächen von bis zu 80 cm^2.[11]

Mit dem Plasmajet-Verfahren wird in einer Mischung aus Argon, Wasserstoff ($\approx$ 1:1) und $0,1-3\%$ einer kohlenstoffhaltigen Spezies ein Gleichstromplasma erzeugt. Der Druck in der Reaktorkammer liegt zwischen 100 und 1000 mbar. Bei einem Druck von 100 mbar erhält man Wachstumsraten von 25 μm/h, bei Atmosphärendruck können dagegen Wachstumsraten von fast 1000 μm/h beobachtet werden.[117] Der Vorteil dieser Methode liegt in den hohen Wachstumsraten. Einheitliche Schichten erhält man allerdings nur über eine Fläche von ungefähr 2 cm^2.[12]

Im Flammen-CVD-Verfahren wird die Gasphase durch die Verbrennung aktiviert. Das Frischgas besteht aus Sauerstoff und einem Kohlenwasserstoff, meistens Acetylen.[c] Obwohl sich die verwendeten Prozeßgase von denen der übrigen Diamantsynthesen unterscheiden, stimmen die prinzipiellen Wachstumsmechanismen soweit bekannt überein.[60]

Wachstumsrate und Homogenität der Schichten hängen von den Prozeßbedingungen ab, die im ersten Teil dieses Kapitels beschrieben werden. Aktuelle reaktionskinetische Modelle der Wachstumsprozesse werden im zweiten Teil des Kapitels dargestellt. Zur weiteren Aufklärung des Wachstumsmechanismus werden Methoden der Schichtcharakterisierung und Gasphasendiagnostik eingesetzt. Im dritten Teil des Kapitels werden die Möglichkeiten und Grenzen der verwendeten diagnostischen Methoden in dem untersuchten System erläutert.

---

[c] Die korrekte Bezeichnung von Acetylen ist laut Empfehlung der IUPAC (International Union of Pure and Applied Chemistry) „Ethin". Da in der Literatur über diamantabscheidende Flammen die Bezeichnung „Acetylen" jedoch gebräuchlicher ist, wird sie auch in dieser Arbeit verwendet.

2.1 Flammen

Die Flammenbedingungen werden durch den Brennertyp, den Betriebsdruck, die Prozeßgase und das Verhältnis von Oxidator zu Brennstoff, der Stöchiometrie, bestimmt. Bei Abscheidungsprozessen spielen außerdem räumliche Anordnung und Temperatur des Substrates eine entscheidende Rolle. Aus diesen Faktoren ergeben sich Temperatur- und Strömungsverhältnisse, Gasphasenreaktionen, Abgaszusammensetzung und - im Falle von Abscheidungsprozessen - Schichtwachstum.

Zur Diamantabscheidung werden Acetylen-Sauerstoff-Flammen verwendet, denen unter Umständen noch Additive zugefügt werden. Aus sicherheitstechnischen und ökonomischen Gründen wurden auch vereinzelt Experimente durchgeführt, in denen Acetylen durch Methan, Ethen, Propen oder Mischungen von Kohlenwasserstoffen ersetzt wird.[66,87,130,157] Da es sich in diesen Fällen aber nur um phänomenologische Untersuchungen handelt, die bisher noch nicht zum Verständnis des Mechanismus beitragen konnten, wird hierauf nicht weiter eingegangen.

Die Diamantabscheidung ist sowohl mit Atmosphärendruck-Flammen, als auch mit Niederdruck-Flammen ($p \leq 100$ mbar) systematisch untersucht worden.[17,62] Das Flammen-CVD-Verfahren weist in Abhängigkeit vom Druck verschiedene Eigenschaften auf, die sich für eine Analyse des Wachstumsprozesses gut ergänzen.

Unter Atmosphärendruck zeichnet sich die Synthese durch hohe Wachstumsraten (≤ 100 μm/h[12,92]) aus. Aus diesem Grund ist die Atmosphärendruckflamme besonders geeignet, das Diamantwachstum als Funktion von Beschichtungsparametern zu untersuchen. Aufgrund des Druckes, der schmalen Brennerdüse und der hohen Kaltgasgeschwindigkeiten weisen diese Flammen jedoch ein relativ kompliziertes Strömungsprofil und schmale Reaktionszonen auf.

Im Gegensatz dazu erhält man im Niederdruckverfahren nur Wachstumsraten von wenigen Mikrometern pro Stunde. Die Brenner können allerdings so konstruiert werden, daß laminare Flammen mit einem einfachen Strömungsprofil entstehen. Die Gasphase ändert sich sich in diesem Fall nur in Abhängigkeit vom Brennerabstand. Man spricht hier von eindimensionalen Flammen, deren Gasphasenprozesse gut modelliert werden können. Die Gasphase ist deutlich aufgeweitet und eine ortsaufgelöste Diagnostik ist relativ unproblematisch durchzuführen. Durch die Gasphasenanalyse und den zusätzlichen Vergleich

mit der Simulation können Erkenntnisse über mögliche Reaktionsmechanismen gewonnen werden.
Im folgenden werden die Charakteristika der verschiedenen Flammentypen, sowie die stattfindenden Gasphasenreaktionen beschrieben.

2.1.1 Atmosphärendruckflammen

Für die Diamantsynthese unter Atmosphärendruck werden laminare, vorgemischte Flammen verwendet, die mit einem kommerziellen Schweißbrenner erzeugt werden.

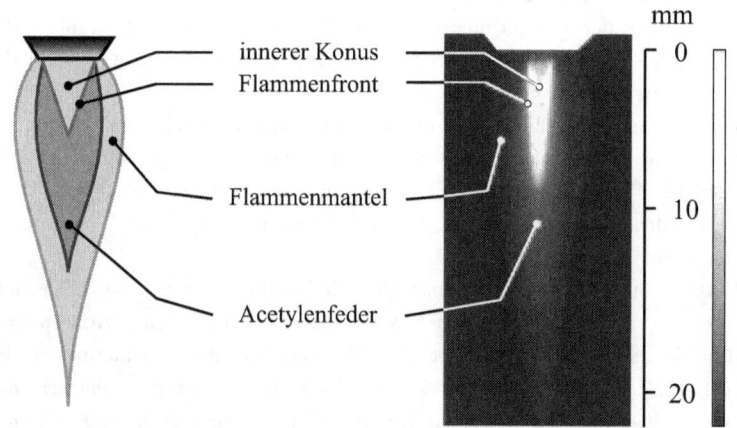

Abbildung 1: *Verschiedene Darstellungen einer Acetylen-Sauerstoff-Flamme $S_{Ac} =$ 5% bei Atmosphärendruck*
a) schematische Skizze der Flammenzonen
b) natürliche Emission zwischen 190 und 800nm aus [91].

Abbildung 1 zeigt zwei Darstellungen einer Acetylen-Sauerstoff-Flamme bei Atmosphärendruck. Auf der linken Seite sind schematisch die drei verschiedenen Zonen - innerer Konus, Acetylenfeder und Flammenmantel - der diamantabscheidenden Schweißbrennerflamme dargestellt. Der innere Konus

2.1 Flammen

wird durch die blau leuchtende Flammenfront der Verbrennung begrenzt. In dieser Primärflamme wird Acetylen durch den zugemischten Sauerstoff zu Kohlenmonoxid oxidiert.

$$C_2H_2 \ + \ O_2 \ \longrightarrow \ 2\,CO \ + \ H_2 \tag{1}$$

Wie an dieser Bruttogleichung zu erkennen, ist die Oxidation unvollständig. Der Konus ist von zwei weiteren Verbrennungszonen, der Acetylenfeder und dem Flammenmantel, umgeben. Im Flammenmantel wird die Gasphase durch Vermischung mit der Umgebungsluft weiter zu Kohlendioxid und Wasser oxidiert.

$$2\,CO \ + \ O_2 \ \longrightarrow \ 2\,CO_2 \tag{2}$$

$$2\,H_2 \ + \ O_2 \ \longrightarrow \ 2\,H_2O \tag{3}$$

Diese Gleichungen beschreiben jedoch nur die Bruttoreaktionen, die stattfindenden Elementarschritte sind deutlich komplizierter und werden in Kapitel 2.1.3 detaillierter beschrieben.

Während der Flammenmantel in offenen, brennstoffreichen Flammen immer zu beobachten ist, hängt das Erscheinen der Acetylenfeder von den Flammenbedingungen ab. Die Acetylenfeder entsteht ab einer bestimmten Stöchiometrie bei weiterer Erhöhung des Acetylengehalts. Ihr Auftreten ist dadurch bedingt, daß der Sauerstoffanteil zu gering ist, um Acetylen vollständig zu Kohlenmonoxid umzusetzen. Wann die Acetylenfeder entsteht, ist jedoch nicht nur vom C/O-Verhältnis, sondern außerdem von Gesamtgasfluß, Durchmesser der Brennerdüse, Brennergeometrie und Temperatur des Brenners abhängig.

Da das Diamantwachstum im Bereich der Acetylenfeder stattfindet, ist es sinnvoll, die Stöchiometrie in Abhängigkeit von dem Erscheinen der Acetylenfeder zu definieren. Reduziert man den Acetylengehalt des Kaltgasgemisches soweit, daß die Acetylenfeder gerade verschwindet, spricht man von einer idealen Flamme. Die Flammen werden anhand der Übersättigung (Supersaturation) mit Acetylen S_{Ac} charakterisiert. Diese ist durch die Differenz zwischen dem tatsächlichen Volumenstrom an Acetylen $\dot{V}_{C_2H_2}$ und dem Volumenstrom in der idealen Flamme $\dot{V}_{C_2H_2,id}$, normiert auf den idealen Fall, definiert.

$$S_{Ac} \ = \ \frac{\dot{V}_{C_2H_2} - \dot{V}_{C_2H_2,id}}{\dot{V}_{C_2H_2,id}} \tag{4}$$

Um einen Eindruck von dem Erscheinungsbild zu geben, ist die Skizze in Abbildung 1a um eine Darstellung der Intensität der natürlichen Emission der Flamme in dem Wellenlängenbereich von 190 bis 800 nm ergänzt.[91] Die Intensität ist von schwarz nach weiß ansteigend, wobei aufgrund des extremen Leuchtens der inneren Flamme keine lineare Skalierung gewählt wurde.
Gute Diamantschichten erhält man für eine Übersättigung von $S_{Ac} = 3-5\%$.[17] Unter Atmosphärendruck werden Diamantschichten mit hohen Wachstumsraten synthetisiert, ein Nachteil ist jedoch die Inhomogenität der Flamme, die zu einer radialen Struktur der Diamantfilme führt. Weitere Details über Eigenschaften von Diamantschichten aus Atmosphärendruckflammen finden sich bei BERGMANN et al.[17], BEUGER[20], LUMMER[105] und KLEIN-DOUWEL[91].

2.1.2 Niederdruckflammen

Unter verringertem Druck ist es möglich, ebene Acetylen-Sauerstoff-Flammen zu erzeugen, in denen sich Konzentrationen und Temperatur nur mit dem Abstand zur Brenneroberfläche entlang der Strömungsrichtung verändern. Abbildung 2a zeigt die Photographie einer mit Argon verdünnten Acetylen-Sauerstoff-Flamme mit Substrat. Gut zu erkennen ist die stark leuchtende Flammenfront, die eine hellgrüne Farbe hat, und sich parallel zur Brenneroberfläche ausbildet. In Abbildung 2b ist die Simulation dieser Flamme ohne Substrat unter adiabatischen Bedingungen dargestellt. Der Konzentrationsverlauf der Hauptkomponenten zeigt durch den starken Abfall der Frischgase Sauerstoff und Acetylen und dem Anstieg von Wasserstoff und Kohlenmonoxid,[d] daß die Flammenfront in einer Entfernung von 1 bis 4 mm von der Brenneroberfläche liegt. Ein guter Indikator für die Flammenfront ist das HCO-Radikal,[115] das in dieser Simulation ein Maximum bei 2 mm aufweist.
Im Unterschied zu Experimenten bei Atmosphärendruck werden im Niederdruck-Flammen-CVD-Verfahren Diamantfilme innerhalb eines Druckbereiches von 40 bis 100 mbar abgeschieden, wobei Wachstumsraten zwischen 0,1 und 5,5 μm/h dokumentiert wurden.[62,89,154] Eingesetzt werden in der Regel Acetylen-Sauerstoff-Flammen, die in einzelnen Fällen auch mit Argon[152]

---

[d] Zugunsten einer besseren Übersichtlichkeit wird auf die Darstellung weiterer Hauptkomponenten wie Argon, Wasser und Kohlendioxid verzichtet.

2.1 Flammen

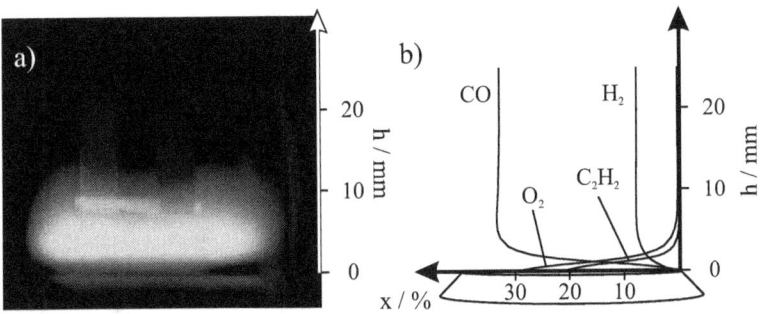

Abbildung 2: Ebene Acetylen-Sauerstoff-Flamme, 48% Argon, $p = 50$ mbar, $v = 86$cm/s, $R = 1,4$
a) Photographie der Flamme mit Substrat
b) Simulation der Konzentrationsverläufe der Flamme ohne Substrat unter Annahme adiabatischer Bedingungen[82,84,113]

verdünnt werden.

Zur Definition der Stöchiometrie werden sowohl das Äquivalenzverhältnis ϕ_{CO_2} wie auch der Stöchiometriefaktor R verwendet. ϕ_{CO_2} ist das Verhältnis des Volumenstroms $\dot{V}_{C_2H_2}$ zu $\dot{V}_{O_2}$ gewichtet mit den stöchiometrischen Koeffizienten der Bruttoreaktion zu Kohlendioxid und Wasser.

$$2\,C_2H_2 + 5\,O_2 \longrightarrow 4\,CO_2 + 2\,H_2O \tag{5}$$

$$\Rightarrow \phi_{CO_2} = \frac{5\,\dot{V}_{C_2H_2}}{2\,\dot{V}_{O_2}} \tag{6}$$

Somit erhält man für Flammen mit einem Überschuß an Acetylen Werte größer eins und entsprechend für brennstoffarme Flammen Werte unter eins. Der Stöchiometriefaktor R beschreibt ohne Berücksichtigung der Koeffizienten der Reaktionsgleichung das Volumenstromverhältnis von Sauerstoff zu Acetylen.

$$R = \frac{\dot{V}_{O_2}}{\dot{V}_{C_2H_2}} \tag{7}$$

Da die Verwendung von R in der Literatur über Flammen-CVD-Verfahren gebräuchlicher ist, wird die Stöchiometrie im folgenden durch diesen Koeffizienten angegeben. Hierbei sollte man berücksichtigen, daß R bei einem höheren Brennstoffanteil abnimmt und ein Wert von $R = 1,4$ einer brennstoffreichen Flamme mit $\phi_{CO_2} = 1,8$ entspricht.

Hohe Wachstumsraten werden vor allem durch hohe Kaltgasgeschwindigkeiten von bis zu 600 cm/s[154] erreicht, die jedoch aufgrund der entstehenden Verbrennungswärme eine experimentell aufwendige Kühlung erfordern. Die Abscheidung selbst ist für die jeweiligen Druck und Strömungsbedingungen auf einen schmalen Stöchiometriebereich beschränkt. Tendenziell ist zu beobachten, daß für höhere Strömungsgeschwindigkeiten Diamant bei geringerem R, d.h. höherem Acetylengehalt, abgeschieden wird.

2.1.3 Gasphasenreaktionen

Die vollständige Verbrennung von Acetylen mit Sauerstoff führt zu Kohlendioxid und Wasser (vgl. Gl. 5, S. 11). Unter brennstoffreichen Bedingungen gewinnt die Umsetzung zu Kohlenmonoxid und molekularem Wasserstoff nach Gleichung 1 (vgl. S. 9) zunehmend an Bedeutung. In Abhängigkeit von Druck und Strömungsgeschwindigkeit sind für $R \cong 1$ im Abgas auch höhermolekulare Spezies und Ruß zu beobachten. Die Verbrennung verläuft über zahlreiche Zwischenprodukte, deren Konzentrationen im Reaktionsverlauf und Abgas stark von der Stöchiometrie abhängen.
Abbildung 2.1.3 gibt einen Überblick über Oxidationsprodukte des Acetylens und ausgewählter weiterer Reaktionen,[101] wobei zu beachten ist, daß es sich trotz der in eine Richtung dargestellten Pfeile, um Gleichgewichtsreaktionen handelt. Aus diesem Grund findet die Reaktion unter Umständen in beide Richtungen statt.
Im ersten Reaktionsschritt wird Acetylen in der Hauptsache von OH- und O-Radikalen angegriffen. Über die entstehenden Produkte, Keten (CH_2CO) und Ketylradikal ($HCCO$), verläuft die Oxidation zu CO und CO_2 sowie die Bildung von CH_x-Spezies ($x = 1, 2, 3$).
Die Entstehung des Methylradikals als wichtige kohlenstoffhaltige Wachstumsspezies bei der Diamantsynthese verläuft hiernach hauptsächlich über CH_2CO. Die Abbaureaktion von CH_3 zu $^1CH_2$ und H_2 nach der Reaktion mit einem Wasserstoff-Atom findet je nach Gasphasenzusammensetzung auch

2.1 Flammen

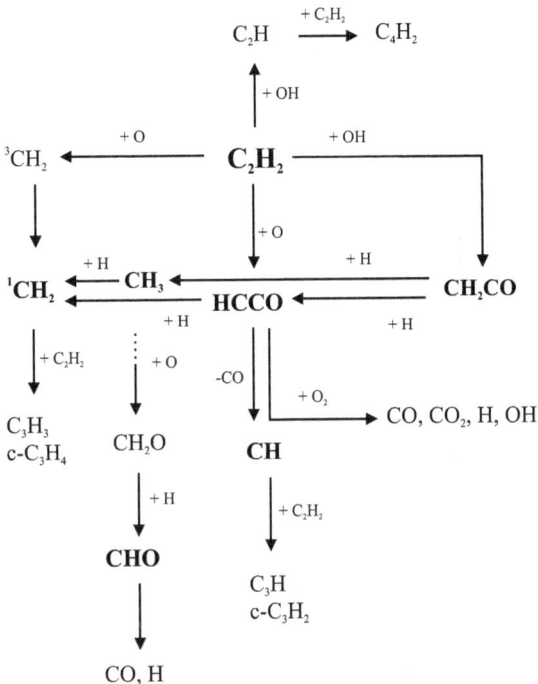

Abbildung 3: *Oxidationsmechanismus von Acetylen nach [101]*

in umgekehrter Reaktionsrichtung statt. Die Rückreaktion entspricht somit auch einem Methyl-Produktionsweg, der bei ausreichenden Mengen an H_2 und $^1CH_2$ von signifikanter Bedeutung ist.

CH und $^1CH_2$, wobei letzteres auch direkt aus Acetylen entsteht, führen durch Reaktion mit Acetylen zu C_3H_x-Spezies ($x = 1 - 4$).

Durch Reaktion von OH-Radikalen mit Acetylen entsteht neben Keten noch C_2H, welches in brennstoffreichen Flammen zu C_4H_2 und höheren Polyacetylenen weiterreagiert.[69,73]

Die Verbrauchsraten und Produktverteilungen der einzelnen Reaktionsschritte sowie weitere Bildungswege von C_3- und C_4-Spezies und ihre Bedeutung für die Entstehung von Benzol und Ruß werden in der Literatur noch intensiv diskutiert. Einen guten Vergleich der verschiedenen Reaktionsmodelle vor allem für Spezies mit maximal 4 C-Atomen bieten LINDSTEDT und SKEVIS.[101] Detaillierte Diskussionen der Reaktionen von C_3- bis C_6-Spezies, sowie der PAH-Bildung finden sich bei ATAKAN et al.[8], HAUSMANN und HOMANN[69], WARNATZ et al.[146], MILLER und MELIUS[113] sowie WANG und FRENKLACH[144], wobei der Schwerpunkt der beiden letzteren auf der PAH-Bildung liegt.

2.2 Diamantwachstum

Die Mechanismen des Diamantwachstums sind ebenso wie die Gasphasenreaktionen noch Gegenstand ausgedehnter wissenschaftlicher Diskussion. Unter den Bedingungen der CVD-Verfahren ist Graphit die thermodynamisch stabilere Form des Kohlenstoffs. Kinetisch bedingt wird jedoch das Diamantwachstum gegenüber der Bildung von Graphit bevorzugt. Der Prozeß des Diamantwachstums läßt sich in folgende drei Phasen unterteilen:

- Die Nukleationsphase, während der auf Substraten, die nicht aus Diamant bestehen, erste Diamantkeime gebildet werden.

- Das Oberflächenwachstum, für das auf molekularer Ebene Mechanismen für homoepitaktisches Wachstum des Diamantgitters aufgestellt werden.

- Das Kristallwachstum, durch das auf makroskopischer Ebene Erklärungen für die Morphologie der gebildeten Kristalle und Schichten geboten werden.

Obwohl sich die einzelnen Phasen des Diamantwachstums gegenseitig beeinflussen, werden sie in diesem Kapitel getrennt betrachtet. Zu jeder Phase wird der gegenwärtige Erkenntnisstand dargestellt.

2.2.1 Nukleationsprozesse

Theoretisch ist sowohl eine Oberflächen- als auch eine Gasphasennukleation erster Diamantkeime denkbar. Einige Experimente stützen durch Nachweis von Diamantkeimen in der Gasphase die Annahme einer homogenen

2.2 Diamantwachstum

Gasphasennukleation.[49,50,74,114] Es kann ebenfalls gezeigt werden, daß homogen gebildete Diamantkeime die Substratoberfläche erreichen.[2] Es ist jedoch ungeklärt, wie in der Gasphase gebildete Diamantpartikel an die Substratoberfläche binden und zu Flächenwachstum führen. Außerdem liegt die Anzahl homogen gebildeter Diamantkeime deutlich unter Nukleationsdichten, die auf Substraten beobachtet werden, und die Gasphasennukleation bietet keine Erklärung für die Abhängigkeit des Nukleationsprozesses von Substratmaterial und Vorbehandlung. Aus diesen Gründen ist der Oberflächennukleation größere Bedeutung beizumessen.[102]

Für die Oberflächennukleation werden in der Literatur vorwiegend drei verschiedene Nukleationswege postuliert, für die es jeweils experimentelle Nachweise gibt.[102] Allen Modellen ist gemeinsam, daß in einer Inkubationsphase eine kohlenstoffhaltige Zwischenschicht gebildet wird, aus der die Diamantstrukturen entstehen. Die Art der Zwischenschicht ist jedoch verschieden und bedingt somit unterschiedliche Nukleationsprozesse.

- SINGH[132] konnte im Hot-Filament-Verfahren die Bildung amorpher diamant-artiger Kohlenstoffschichten (DLC, **d**iamond-**l**ike **c**arbon) nachweisen, in denen sich aus Kohlenstoffclustern Diamantkristalle bilden. SINGH entwickelte einen mehrstufigen Mechanismus, nach dem die amorphe Phase zum einen durch Änderung der Bindungsstruktur von einer sp^1- zu einer sp^3-Hybridisierung und zum anderen durch verstärktes Ätzen der sp^1- und sp^2-Bindungen kristallisiert.

- Andere Arbeiten[5,15,99,143] zeigen, daß während der Inkubationsphase eine Graphitschicht gebildet wird, aus der Diamant entsteht. LAMBRECHT et al. formulierten einen Nukleationsmechanismus, nach dem zuerst Graphit auf dem Substrat kondensiert. Durch anschließende Wasserstoffbelegung der $(1\bar{1}00)^{(e)}$-Flächen wird das Wachstum von Diamantkeimen bevorzugt an fehlerhaften Graphitstrukturen eingeleitet.[96]
  Das Modell geht davon aus, daß die Umwandlung von Graphit zu Diamant durch Wasserstoff induziert wird. Über eine monoatomare Zwischenschicht werden die flachen Sechsringe der Graphitstruktur in die Sesselstruktur im Diamantkristall überführt. Aufgrund der ähnlichen

---

^{e} (abcd) entspricht der Fläche, die senkrecht auf dem Vektor [abcd] steht. Für die Nomenklatur der Richtungen werden Millersche Indizes verwendet.[13]

Abbildung 4: *Aufsicht auf einen Graphit/Diamant-Übergang, der die Ähnlichkeit der hexagonalen Struktur im Kristall verdeutlicht. Schwarze Kugeln entsprechen Kohlenstoffatomen der Graphitschicht in der Ebene, graue Kugeln entsprechen Kohlenstoffatomen im Diamantgitter, kleine Kugeln liegen hinter der Ebene.*[96]

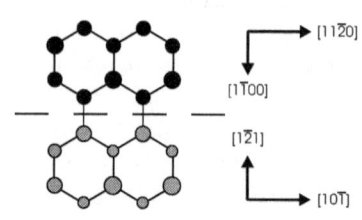

Struktur der Gitterebenen z.B. für ($1\bar{2}1$) im Diamant und ($1\bar{1}00$) im Graphit (vgl. Abbildung 4) erhält man bei dieser Umwandlung eine bevorzugte Ausrichtung der Diamantkristalle.

Auf ausgerichteten Graphitschichten würde dieser Nukleationsweg eine gezielte Bestimmung der Texturierung der Diamantschichten ermöglichen. Wie in Abbildung 4 zu erkennen, erhält man entsprechende Übereinstimmungen für die Gitterebenen ($10\bar{1}$) im Diamant und ($11\bar{2}0$) im Graphit.

- Im Gegensatz zu den beiden ersten Modellen entstehen im dritten Modell die Diamantkeime nicht über die Veränderung der Hybridisierung einer Kohlenstoffphase, sondern durch Kristallisation von sp^3-hybridisierten Strukturen. Dieser Nukleationsweg verläuft über die Ausbildung einer Carbidschicht, aus der bei Kohlenstoffsättigung Diamantkeime kristallisieren.[108]

Zu Beginn wird auf die Oberfläche treffender Kohlenstoff für die Carbidbildung verbraucht. Eine ausreichende Kohlenstoffkonzentration für die Nukleation wird erreicht, wenn mit anwachsender Dicke der Carbidschicht die Kohlenstofftransportrate sinkt. Bei einer Sättigungskonzentration erreichen Kohlenstoffcluster auf dem Substrat eine kritsche Größe, so daß Diamantkeime gebildet werden.

Welche Zwischenschicht gebildet wird, ist außer von den Abscheidungsbedingungen auch vom Substratmaterial und den Methoden der Vorbehandlung abhängig.

Für den Effekt des Substratmaterials ist die Wechselwirkung desselben mit Kohlenstoff entscheidend. Die Substrate können grob in Materialien mit geringer Reaktionsfähigkeit mit Kohlenstoff und Kohlenstofflöslichkeit, Stoffe mit

2.2 Diamantwachstum

guter Löslichkeit und hoher Diffusion von Kohlenstoff sowie in Carbidbildner unterteilt werden. Abgesehen von Diamant liegen die Nukleationsraten, d.h. die Keimbildungsdichten pro Zeiteinheit, von Carbidbildnern ein bis zwei Größenordnungen über denen von Nicht-Carbidbildnern. Aber auch Experimente mit Substraten aus den carbidbildenden Metallen Aluminium, Molybdän, Nickel, Silizium und Titan zeigen Unterschiede in dieser Gruppe. Die Nukleationsdichte auf Molybdänsubstraten ist ungefähr eine Größenordnung höher als für die anderen getesteten Metalle.[102]

Eine Methode der Vorbehandlung ist das Schleifen der Substratoberflächen. Die nukleationsverstärkende Wirkung wird auf die Entfernung von Oberflächenoxiden und schnellerer Kohlenstoffsättigung an Kanten zurückgeführt. Bei kohlenstoffhaltigen Schleifmitteln verkürzt der Schleifprozeß die Inkubationsphase, da hierbei Kohlenstoff im Substrat gelöst wird. Die Politur mit Diamantpulver hinterläßt zusätzlich Diamantpartikel, durch die das Wachstum gefördert wird.

Eine weitere Möglichkeit, die Nukleationsdichte zu erhöhen, ist das Anlegen einer Spannung an das Substrat, welches auch als Bias-Enhancement bezeichnet wird. Der Wirkungsmechanismus beruht auf zwei Effekten: Zum einen werden vorhandene Oxide entfernt und ihre Enstehung verhindert. Außerdem wird die Energiebarriere für die Bildung stabiler Diamantkeime durch Aktivierung der Substratoberfläche herabgesetzt.[81,135]

2.2.2 Oberflächenreaktionen

Diamant kann, je nach Schnitt durch den Kristall, unterschiedliche Oberflächenstrukturen aufweisen. Unter typischen CVD-Bedingungen, d. h. hoher Konzentration von atomarem Wasserstoff in der Gasphase, ist die Diamantoberfläche mit Wasserstoffatomen abgesättigt.[33] Die wichtigsten Strukturen sind in Abbildung 5 dargestellt. Die (100)-Oberfläche kann in der rekonstruierten (2×1)-Struktur und in der nicht-rekonstruierten (1×1)-Struktur vorkommen.[107] Die nicht-rekonstruierte (1×1)-Struktur ist aufgrund der geringen Abstände der Wasserstoffatome destabilisiert.[125]

Oberflächenmechanismen des Diamantwachstums beschreiben auf molekularer Ebene die Wechselwirkung dieser Oberflächen mit der Gasphase und nachfolgende Reaktionen. Die in der Gasphase entstehenden Spezies lassen sich bezüglich ihrer Bedeutung für das Diamantwachstum in zwei Gruppen

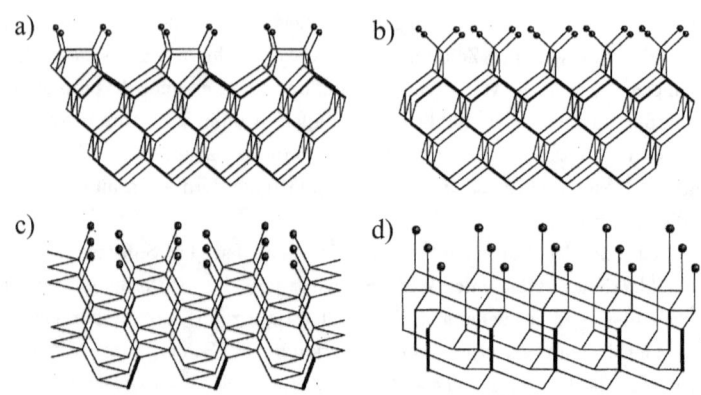

Abbildung 5: *Oberflächenstrukturen von Diamant. Die freien Valenzen der C-Atome an der Oberfläche sind durch H-Atome (Kugeln) abgesättigt.*[125]
a) (100)-Oberfläche mit (2 × 1)-Struktur b) (100)-Oberfläche mit (1 × 1)-Struktur
c) (110)-Oberfläche mit (1 × 1)-Struktur d) (111)-Oberfläche mit (1 × 1)-Struktur

teilen. Zum einen in Spezies, die oberflächenaktiv direkt am Aufbau von Diamant oder - als konkurrierendes System - von Graphit beteiligt sind, und zum anderen diejenigen, die durch ihre Entstehung und Folgereaktionen die Konzentration an Aufbauspezies beeinflussen. Als oberflächenaktive Spezies werden vor allem H, O, OH, C_2H_2 und CH_3 diskutiert.

Oberflächenmechanismen werden sowohl auf experimenteller als auch auf theoretischer Ebene untersucht. Experimentelle Untersuchungen lassen sich in drei verschiedene Verfahrensweisen unterteilen: Zum einen werden De- und Adsorptionsverhalten einzelner Spezies beobachtet und auf Aufenthaltswahrscheinlichkeiten an der Oberfläche geschlossen,[48] die direkt mit Reaktionswahrscheinlichkeiten korrelieren. Desweiteren untersuchen andere Verfahren unter Abscheidungsbedindungen Gasphase und Substratoberfläche, um auf relevante Spezies zu schließen. Ein dritter Ansatz verläuft über Isotopenmarkierung der kohlenstoffhaltigen Gasphasenkomponenten. Der Vergleich des Isotopengehaltes der Gasphasensubstanzen und der abgeschiedenen Diamantschichten gibt Aufschluß über Wachstumsspezies.

Auf theoretischer Ebenen ergeben sich folgende Ansätze: Das De- und Ad-

2.2 Diamantwachstum

sorptionsverhalten wird durch Berechnung der stabilsten Oberflächenstrukturen und der Bindungsenergien einzelner Spezies auf diesen Oberflächen abgeschätzt.[38,149] Darüber hinaus kann durch postulierte Oberflächenmechanismen das Wachstumsverhalten simuliert werden. Durch Kombination der Oberflächenmechanismen mit Gasphasenmechanismen und Berücksichtigung der wechselseitigen Beeinflussung werden sowohl Wachstumsraten als auch die Gasphase unter CVD-Bedingungen berechnet. Der Vergleich dieser Simulationen mit experimentellen Ergebnissen bietet die beste Möglichkeit, den Wachstumprozeß aufzuklären, ist in der Ausführung jedoch sehr aufwendig. Für die drei Kristalloberflächen des Diamants (100), (110) und (111) wurden von verschiedenen Arbeitsgruppen Wachstumsmechanismen entwickelt, die in ihren grundlegenden Überlegungen übereinstimmen.[6,52,127] Gemeinsame Annahme aller Modelle ist, daß der Mechanismus des Diamantaufbaus in drei Schritten verläuft:

- Schaffung freier Radikalstellen an der Oberfläche
- Addition einer kohlenstoffhaltigen Spezies an die Radikalstelle
- Einbau der addierten Kohlenstoffspezies in die Gitterstruktur

Freie Radikalstellen an der Oberfläche entstehen in der Hauptsache dadurch, daß atomarer Wasserstoff aus der Gasphase H-Atome von der Oberfläche unter Bildung von molekularem Wasserstoff abstrahiert.[f]

$$C(s) - H + H(g,r) \longrightarrow C(s,r) + H_2(g) \qquad (8)$$

Ist in der Gasphase auch Sauerstoff vorhanden, so abstrahieren O- und OH-Radikale in einer analogen Reaktion Wasserstoff von der Oberfläche.

In dem zweiten Schritt des Wachstumsprozesses reagiert die entstandene Radikalstelle mit einer Gasphasenkomponente. Eine Möglichkeit ist die Addition eines H-Atoms an die freie Valenz der Diamantoberfläche.

$$C(s,r) + H(g) \longrightarrow C(s) - H \qquad (9)$$

---

[f] Oberflächenspezies werden durch ein „s", Gasphasenspezies durch ein „g" gekennzeichnet. „r" steht für Radikal.

Die Addition eines H-Atoms an die Diamantoberfläche entspricht als Folge von Reaktion 8 der Rekombination zweier H-Atome. Diese Reaktion ist ein wichtiger Schritt im Prozeß der Energieübertragung von der Gasphase auf das Substrat.[30] Kristallwachstum entsteht durch Addition von kohlenstoffhaltigen Spezies. Als Aufbauspezies werden vor allem CH_3 und C_2H_2 diskutiert.
Acetylen wurde von FRENKLACH und SPEAR[51] als Wachstumspezies vorgeschlagen und ein detaillierter Wachstumsmechanismus für das Diamantwachstum präsentiert.[52] Experimente von CAPPELLI und LOH mit einem Plasmajet-Reaktor, in dem die Konzentration an C_1-Spezies für einen signifikanten Beitrag zum Wachstum zu gering war, unterstützen mit guten Abscheidungsergebnissen diese Hypothese.[31]
Die meisten Forscher favorisieren jedoch Wachstumsmechanismen[64,110,126,149], in denen das Methylradikal die wichtigere Wachstumsspezies ist. Experimente mit ^{13}C-markiertem Methan und ^{12}C-Acetylen von CHU et al.[35,42] in einem Hot-Filament-Reaktor weisen auf das Methylradikal als Hauptwachstumsspezies hin. Der ^{13}C-Anteil in den abgeschiedenen Schichten korrelierte mit dem ^{13}C-Anteil der Methylradikale in der Gasphase, welcher sich deutlich von dem ^{13}C-Anteil des Acetylens in der Gasphase unterschied. Eine Studie zur Oberflächenaktivität von Acetylen, Methylradikalen und H-Atomen an Diamantoberflächen kommt ebenfalls zu dem Ergebnis, daß Acetylen eine untergeordnete Rolle beim Schichtaufbau spielt.[48] Zahlreiche weitere experimentelle Arbeiten unterstützen die Thesen, daß das Methylradikal die entscheidende Wachstumspezies ist.[65,77,109,156]

In dem dritten Schritt des Wachstumsprozesses wird die chemisorbierte Kohlenstoffspezies in einen Baustein des Diamantgitters umgewandelt. Dieser Schritt wird am Beispiel des Methyladditionsmechanismus an einer rekonstruierten (100)-Fläche von RUF et al.[125,126] erläutert, der schematisch in Abbildung 6 dargestellt ist.
Dieser Mechanismus ist die Erweiterung eines Additionsmechanismus von HARRIS und GOODWIN[64], der von RUF et al. um die Bedingung ergänzt wurde, daß das Wachstum nur an monoatomaren Stufen stattfindet. Wachstum auf der flachen Oberfläche führt zu Oberflächenstrukturen, auf denen die gleichen Abstoßungen zwischen adsorbierten H-Atomen auftreten wie auf der nicht-rekonstruierten (100)-Oberfläche. Experimente von TSUNO et al.[138,139] und HAYASHI et al.[70] belegen durch den Nachweis glatter Oberflächen, daß

2.2 Diamantwachstum

die Annahme eines Stufenwachstums sinnvoll ist.[g]
Nach der Methyladdition entsteht durch H-Abstraktion an der Methylgruppe

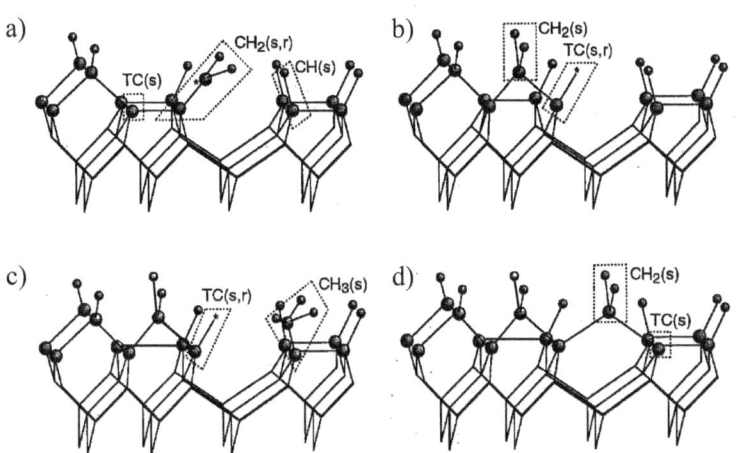

Abbildung 6: CH_3-Additionsmechanismus nach HARRIS und GOODWIN[64] angewandt auf das Wachstum an einer monoatomaren Stufe[125]

ein CH_2-Radikal ($CH_2(s,r)$, Abb. 6a). Durch β-Spaltung der Dimerbindung entsteht eine Kohlenstoffbrücke mit einer freien Valenz am randständigen Kohlenstoffatom ($TC(s,r)$, Abb. 6b). Wird an die benachbarte Dimerbindung ein weiteres Methylradikal addiert ($CH_3(s)$, Abb. 6c), so kann die Methylgruppe mit dem randständigen Kohlenstoffradikal ($TC(s,r)$, Abb. 6c) eine Kohlenstoffbrücke bilden. Dieser Reaktionsschritt verläuft über H-Abstraktion an der Methylgruppe und Rekombination der benachbarten Radikale.
Nach diesen Schritten entspricht die Struktur wieder Abbildung 6a. Konkurrierend zu der letzten Reaktion findet die Rekombination eines H-Atoms der Gasphase mit dem randständigen Kohlenstoffradikal $TC(s,r)$ statt. Der Gitteraufbau senkrecht zur Zeichenebene entsteht durch Bildung einer Dimerbrücke aus zwei benachbarten Methylengruppen unter Abspaltung zweier H-Atome.

---

[g] Spezies an Stufenplätzen werden durch ein vorangestelltes „T" gekennzeichnet.

Neben dem Oberflächenwachstum spielt die Umwandlung und Entfernung parallel entstehender graphitischer Strukturen eine entscheidende Rolle für die Qualität der entstehenden Diamantfilme. Diese Reaktionen finden in der Hauptsache durch H-, O- und OH-Radikale statt.
Neben der H-Atom-Abstraktion von der Oberfläche (vgl. Gl. 8, S. 19) können in analogen Reaktionen dieser Radikale Kohlenstoffstrukturen in die Gasphase überführt werden. Diese im allgemeinen als „Ätzprozesse" bezeichneten Reaktionen laufen mit sp^2-hybridisierten Kohlenstoffen der Oberfläche deutlich schneller ab, als mit sp^3-hybridisierten. Aus diesem Grund verringern diese Radikale den sp^2-Anteil in den wachsenden Schichten. Zu hohe Konzentrationen können jedoch auch zu einem starken Gitterabbau sp^3-hybridisierter Kohlenstoffe führen, so daß das Diamantwachstum signifikant verlangsamt wird oder nicht mehr stattfindet.
Die Veränderung der Hybridisierung von sp^2 zu sp^3 verläuft über Addition der H-, O- oder OH-Radikale an die Doppelbindung von sp^2-hybridisierten Kohlenstoffen. Auf die Bindung von O- oder OH-Radikalen an Kohlenstoffe der Oberfläche folgt jedoch mit großer Wahrscheinlichkeit die Weiterreaktion zu oxidierten gasförmigen Kohlenstoffspezies, so daß die Änderung der Hybridisierung mit Nachfolgereaktionen einem Ätzprozeß entspricht. Hier liegt der Vorteil der H-Atome für das Wachstum reiner Diamantschichten, da der Abbau von sp^2-Strukturen nur zu einem geringeren Teil von Ätzprozessen begleitet ist.
Für die Bildung hochwertiger Schichten ist also folgendes entscheidend: Zum einen müssen die Konzentrationen der erwähnten H-, O- und OH-Radikale ausreichend hoch sein, um freie Radikalstellen auf der Schichtoberfläche zu schaffen und die Bildung graphitischer Strukturen zu verhindern. Andererseits darf die Konzentration nicht so hoch sein, daß das Wachstum von Diamant aufgrund von Ätzprozessen stark beeinträchtigt wird.

2.2.3 Kristallwachstum

Die Textur von Schichten, die aus vereinzelten Kristalliten zusammenwachsen, wird durch zwei Faktoren bedingt. Entscheidend ist, welche Oberflächenformen die ersten Kristallite haben und welche dieser Formen sich beim Zusammenwachsen der Kristallite durchsetzt.
Abbildung 7 zeigt die Flächenindizierung im kubischen System (a) und bei-

2.2 Diamantwachstum

spielhaft die Aufnahme eines Mikrodiamanten in der Form eines Oktaeders (b), der in der Natur von Diamantkristallen am häufigsten ausgebildet wird.

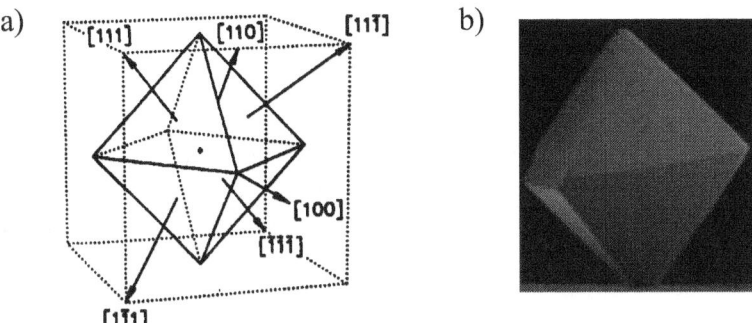

Abbildung 7: a) Flächenindizierung im kubischen System aus [151] (vgl. Fußnote e, S. 15)
b) Natürlich vorkommender Mikrodiamant aus [137]. Die Höhe entspricht ungefähr 0,4 mm.

Der Habitus eines Einkristalls wird durch die Flächen senkrecht zur langsamsten Wachstumsrichtung bestimmt. Der Grund dafür ist, daß die Oberflächen senkrecht zur schnellsten Wachstumrichtung auch am schnellsten überwachsen werden. An der Kante dieser Oberflächen entspricht das Wachstum einer anderen Richtung, so daß die Fläche mit jeder aufwachsenden Schicht kleiner wird und dann verschwindet.

Die Wachstumsgeschwindigkeit von Diamant ist entlang der [110]-Richtung (vgl. Fußnote e, S. 15) am schnellsten,[151] so daß in der Regel keine Kristalle mit (110)-Flächen beobachtet werden. Selbst in [110]-Richtung gewachsene Filme bestehen mikrosopisch aus zusammengesetzten (100)- und (111)-Flächen.[134,141]

Wie in Abbildung 7 a) erkennbar, entstehen durch langsames Wachstum in [111]-Richtung oktaedrische Formen mit dreieckigen Flächen, wohingegen durch langsames Wachstum in [100]-Richtung quadratische Flächen eines Würfels gebildet werden.

Welche Morphologie eine Schicht aufweist, die aus willkürlich angeordneten Einkristallen gebildet wird, kann nach VAN DER DRIFT über das Modell des evolutionären Wachstums erklärt werden. Die Haupteffekte des Modells kommen in Abbildung 8, die eine zweidimensionale Simulation des Schichtwachstums[151] zeigt, gut zum Ausdruck.

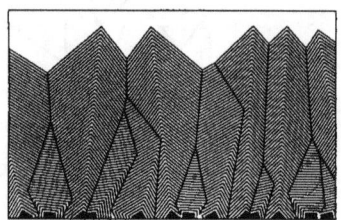

Abbildung 8: *Computer-Simulation des Wachstums einer polykristallinen Diamantschicht aus willkürlich angeordneten Kristallkeimen (schwarz).*[151]

Während des Wachstumsprozesses werden einzelne Kristalle überwachsen. Dadurch wird die Anzahl der Kristalle geringer und die durchschnittliche Kristallgröße steigt. In diesem Prozeß setzen sich die Kristalle durch, deren Wachstumsrichtung senkrecht zur Oberfläche am größten ist und es entwickelt sich eine bevorzugte Orientierung.

Nach diesem Modell bestehen die wachsenden Schichten aus Kristallen, deren [110]-Vektor senkrecht auf der Substratoberfläche steht. Wie in Abbildung 8 deutlich wird, ist die Oberfläche trotzdem nicht durch (110)-Flächen geprägt, was auch experimentell bestätigt wird.[134,141] CVD-Diamanten weisen bevorzugt (111)- oder (100)-Flächen auf, die aufgrund ihrer dreieckigen bzw. quadratischen Grundform gut auseinanderzuhalten sind. Tendenziell verstärken höhere Kohlenstoffkonzentrationen und höhere Temperaturen die Bildung von (100)-Flächen.[155] Eine sehr sensitive Veränderung der Morphologie zugunsten der Entstehung von (100)-Flächen wird außerdem bei Stickstoffdotierung der Prozeßgase beobachtet.[7,105]

2.3 Methodik

Um weitere Erkenntnisse über den Prozeß der Diamantabscheidung zu erhalten, werden in dieser Arbeit Qualitäten abgeschiedener Diamantschichten

2.3 Methodik

mit der Zusammensetzung der Gasphase unter den verschiedenen Abscheidungsbedingungen korreliert. Abschließend wird durch einen Vergleich der Meßergebnisse mit Simulationen geprüft, inwieweit vorhandene Modelle die Gasphase zuverlässig beschreiben und Veränderungen in einem weiten Stöchiometriebereich passend vorhersagen.

Für die Schichtcharakterisierung werden Raster-Elektronen-Mikroskopie (SEM, scanning electron microscopy) und RAMAN-Spektroskopie eingesetzt. Während mit SEM-Aufnahmen die Textur und die Wachstumsgeschwindigkeit bestimmt wird, geben RAMAN-Spektren sehr sensitiv Aufschluß über den Anteil von sp^2-hybridisiertem Kohlenstoff in den Schichten, da neben dem charakteristischen Diamantpeak graphitische Strukturen nachgewiesen werden können.

Die Gasphasenanalytik wird mit laserinduzierter Fluoreszenz (LIF) und Molekularstrahl-Massenspektrometrie (MBMS) durchgeführt. Mit diesen beiden Methoden erhält man eine umfassende Beschreibung der relevanten Gasphasenparameter. Mittels LIF am H-Atom und OH-Radikal wird neben der Konzentration dieser in Gasphasen- und Oberflächenmechanismen entscheidenden Spezies die Gasphasentemperatur als eine der fundamentalen Größen für die Beschreibung von Flammenprozessen bestimmt. Komplementär dazu erhält man mit Hilfe der MBMS einen umfassenden Überblick über vorhandene Gasphasenspezies, z.B. diskutierte Vorläufersubstanzen wie CH_3, aber auch höhermolekulare Spezies, die mit LIF nur schwer zugänglich sind.

Im folgenden Kapitel sollen, neben einer kurzen Beschreibung der physikalischen Grundlagen, die Möglichkeiten und Grenzen von RAMAN-Spektroskopie, LIF und MBMS innerhalb des zu untersuchenden System aufgezeigt werden.

2.3.1 Raman-Spektroskopie

RAMAN-Spektroskopie ist eine Streulichtmethode, die zur Charakterisierung von Substanzen sowohl in der Gasphase als auch in Flüssigkeiten und in Festkörpern verwendet wird. Trifft elektromagnetische Strahlung auf Materie, so wird ein Teil des Lichtes gestreut.

Der größte Teil der Streustrahlung besteht aus elastisch gestreutem Licht (RAYLEIGH-Streuung) mit der gleichen Frequenz wie die Erregerstrahlung. Zusätzlich stattfindende RAMAN-Streuung ist inelastische Streuung, bei der Energie von der Materie aufgenommen oder abgegeben werden kann, so daß Streulicht niedrigerer Frequenz (STOKES-Strahlung) und höherer Frequenz

(Anti-STOKES-Strahlung) entsteht. Die Intensität der RAMAN-Streuung ist um drei bis fünf Größenordnungen niedriger als die der RAYLEIGH-Streuung. Aus diesem Grund ist neben einer leistungsstarken und monochromatischen Anregung eine ausreichende Verschiebung der Frequenz nötig, damit das Signal der RAMAN-Streuung neben der RAYLEIGH-Strahlung nachgewiesen werden kann.

In Kristallen entsteht die Energieaufnahme durch Schwingungsanregung, deren Frequenz stoffspezifisch ist. Für reine Diamanten erhält man im RAMAN-Spektrum eine einzige scharfe Bande bei 1332 cm^{-1}.[123] Der Peak ist auf eine dreifach entartete Schwingung zweier sich gegenseitig durchdringender kubisch-flächenzentrierter BRAVAIS-Gitter[16] (vgl. Abb. 9) zurückzuführen, die längs der Raumdiagonalen [111] der Elementarzelle um ein Viertel ihrer Länge gegeneinander verschoben sind.

Die genaue Lage des Diamantpeaks kann durch Kristallspannungen verschoben

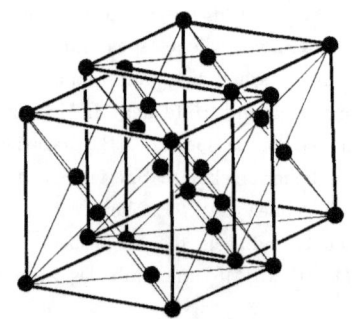

Abbildung 9: *Darstellung zweier sich durchdringender kubisch flächenzentrierter Gitter im Diamantkristall.*[16]

sein. Neben Gitterdefekten führen zwei verschiedene Gründe zu Spannungen in CVD-Diamantschichten. Zum einen führt ein Verkeilen der einzelnen Kristallite beim Zusammenwachsen der Schichten zu Verspannungen. Zum anderen entstehen in der Abkühlphase Spannungen in der Schicht, da Diamant und Substratmaterial unterschiedliche thermische Ausdehnungskoeffizienten besitzen. Da es sich jeweils um eine Schub- bzw. Zugspannung handelt, entstehen entgegengerichtete Verschiebungen des RAMAN-Signals, die im Spektrum unterschieden werden können.[10,105]

Weitere Signaturen in RAMAN-Spektren von Diamanten entstehen durch Verunreinigungen mit sp^2-gebundenem Kohlenstoff. In Abhängigkeit von der überwiegenden Hybridisierung, entstehen Disorder-Banden mit Halbwertsbrei-

2.3 Methodik

ten von bis zu 100 cm^{-1}. Die Bande des diamant-artigen Kohlenstoffs (DLC, diamond-like carbon) mit einem Großteil an sp^3-hybridisierten C-Atomen und meist hohen Wasserstoffanteilen liegt ungefähr bei 1320 − 1350 cm^{-1}. Die Disorder-Bande von graphit-artigem Kohlenstoff (GLC, graphit-like carbon) mit hohen sp^2-Bindungsanteilen liegt bei 1530 − 1580 cm^{-1}[105,116].
Der Streuquerschnitt für sp^2-gebundenen Kohlenstoff ist mehr als 50 mal größer als der für sp^3-gebundenen,[133] weshalb sich Kristalldefekte aufgrund von sp^2-Hybridisierung sehr sensitiv nachweisen lassen. Das Verhältnis der Fläche der DLC- oder der GLC-Bande zur Fläche des Diamantpeaks ist ein gutes Kriterium zur Beurteilung von Diamanten, in denen noch sp^2-Strukturen nachgewiesen werden können. Dies gilt jedoch nicht für sehr gute Schichten, deren Spektren nur noch sehr flache Disorder-Banden und schmale Diamantpeaks aufweisen. Der Fehler in der Flächenbestimmung ist zu groß, um aussagekräftige Werte zu erhalten.
In diesen Fällen ist die Halbwertsbreite des Diamantpeaks ein besseres Maß für die Qualität des Diamanten. Eine geringe Halbwertsbreite weist auf eine geringe Anzahl an Kristalldefekten und eine schmale Verteilung der Spannungen im Kristall hin. Naturdiamanten haben eine Halbwertsbreite von 0,9 bis 1,5 cm^{-1}, Halbwertsbreiten guter CVD-Diamanten liegen bei 2,5 bis 3,0 cm^{-1}.[105]
RAMAN-Spektren können räumlich gemittelt über 1 − 2 Quadratmillimeter oder fokussiert über eine Fläche von 2 Quadratmikrometer aufgenommen werden. Ein Vorteil des Mikro-RAMAN-Verfahrens mit hoher Ortsauflösung ist, daß Spektren von sehr kleinen Kristallen und ihren Defekte aufgenommen werden können. Besonders für die Analyse einzelner Kristallite zu Beginn der Wachstumsphase ist diese Methode geeignet. Die örtliche Mittelung im Makro-RAMAN-Verfahren gewährleistet jedoch, daß das Spektrum die mittlere Qualität der Schicht und nicht die eines einzelnen Kristalliten wiedergibt. Für die Analyse der Inhomogenität der Schichten, wie sie z.B. im Atmosphärendruckverfahren entstehen, ist die Ortsauflösung hinreichend groß.

2.3.2 Laserinduzierte Fluoreszenz-Spektroskopie

Aufgrund der hohen Selektivität und Sensitivität ist laserinduzierte Fluoreszenz-(LIF)-Spektroskopie eine vielfach genutzte in-situ Methode zur Bestimmung der Konzentration von Atomen und kleinen Molekülen, die zusätzlich noch zur Bestimmung der Gasphasentemperatur verwendet werden kann. Ferner ist durch Meßvolumina deutlich unter 1 mm³ die Möglichkeit für hoch ortsaufgelöste Messungen gegeben.

LIF erfordert die Berücksichtigung unterschiedlichster Effekte, die im folgenden in Bezug auf das untersuchte System skizziert werden sollen. Ausführliche Darstellungen von physikalischen Grundlagen, Anwendungsmöglichkeiten dieser Technik in Flammen und im Vergleich mit anderen laserdiagnostischen Methoden finden sich bei ECKBRETH[46] und KOHSE-HÖINGHAUS[93]. Soweit nicht anders angegeben, dienen diese Literaturstellen als Referenz.

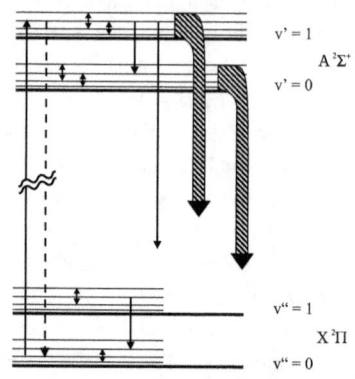

Abbildung 10: *Schematische Darstellung des Energieniveaudiagramms des OH-Radikals und der Entstehung von LIF aus [93]. Gemeinsam mit relevanten Entvölkerungsprozessen ist die Anregung des A-X (1,0) Überganges dargestellt. Die Richtung der Pfeile gibt die Richtung des Überganges an. Entvölkerung der Zustände findet statt durch: stimulierte Emission (gestrichelter Pfeil), RET (Pfeile in zwei Richtungen), VET (kurze Pfeile in eine Richtung), elektronisches Quenching (langer Pfeil) und spontane Emission (schraffierte Pfeile).*

Abbildung 10 beschreibt schematisch am Beispiel des OH-Radikals den zugrundeliegenden physikalischen Prozeß: Durch Absorption eines Photons wird das Molekül in einen höheren elektronischen Zustand angeregt, aus dem es unter Emission eines Photons (Fluoreszenz) in den Grundzustand übergehen kann. Dabei sind in Abhängigkeit von den Auswahlregeln Übergänge in verschiedene Rotations- und Vibrationsenergieniveaus des Grundzustandes möglich, so daß Fluoreszenz verschiedener Wellenlänge beobachtet werden kann.

Darüber hinaus wird die spektrale Verteilung und die Lebensdauer der Fluoreszenz durch Stoßprozesse, die eine strahlungslose Bevölkerung anderer Zustände bewirken, verändert. Stöße, die eine Änderung der Rotations- bzw. Vibrationsquantenzahl verursachen, werden als Rotationsenergie- bzw. Vibrationsenergietransfer (RET bzw. VET) bezeichnet. Die nachfolgende Fluoreszenz

2.3 Methodik

findet von einem anderen Quantenzustand des elektronisch angeregten Niveaus statt und verändert damit die spektrale Verteilung der emittierten Strahlung. Keinen Einfluß auf die Wellenlänge der Fluoreszenz hat ein stoßinduzierter elektronischer Übergang in den Grundzustand. Dieser Prozeß wird auch als Fluoreszenzlöschung (Quenching) bezeichnet, da er die Lebensdauer und die Intensität der gesamten Fluoreszenz verringert. Die Effektivität der Stoßprozesse hängt von der Art und Anzahl der Stoßpartner, der Temperatur und den Rotations- und Vibrationsquantenzahlen des Teilchens im angeregten Zustand ab.

Die emittierte Strahlung kann sowohl als Fluoreszenzemissionsspektrum oder spektral integriert als Breitbandfluoreszenz aufgenommen werden. Mit Hilfe von Fluoreszenzemissionsspektren können RET- und VET-Prozesse über die Bevölkerung der verschiedenen Energieniveaus quantifiziert werden. Für den Nachweis von Gasphasenkomponenten wird die Fluoreszenz in der Regel breitbandig detektiert, da aufgrund höherer Signalintensität die Nachweisgrenze sinkt.

Außer für den spezifischen qualitativen Nachweis von Substanzen eignet sich LIF für die quantitative Untersuchung der Gasphase. In diesem Fall sind verschiedene Aspekte zu berücksichtigen: Theoretisch gilt für die 1-Photonenanregung, daß die Intensität I der Fluoreszenz proportional zur Laserintensität E, dem EINSTEIN-B-Koeffizienten B, der Besetzung des Grundzustandes N und der Fluoreszenzquantenausbeute Φ ist.

$$I \propto EBN\Phi \tag{10}$$

Abweichungen von dem linearen Zusammenhang zwischen Anregungsenergie und Intensität der Fluoreszenz können durch Sättigungseffekte, stimulierte Emission, Prädissoziation oder der Anregung folgende Ionisation bedingt sein. Zusätzlich muß gewährleistet werden, daß das Ergebnis nicht durch starke Absorption der Anregungs- oder Fluoreszenzstrahlung und durch photoinduzierte Interferenz verfälscht wird. Unter den zu untersuchenden Flammenbedingungen spielt die Abhängigkeit der Fluoreszenzintensität von der Fluoreszenzquantenausbeute eine entscheidende Rolle, weshalb im fogenden genauer auf die Fluoreszenzquantenausbeute eingegangen wird.

Die Fluoreszenzquantenausbeute ist abhängig von der Temperatur und den stattfindenden Stoßprozessen. Letzere werden ebenfalls von der Temperatur und zusätzlich von der Gasphasenzusammensetzung beeinflußt, so daß die

Effektivität der Stoßprozesse in unterschiedlichen Flammenzonen stark variieren kann. Die Fluoreszenzquantenausbeute Φ_f eines einzelnen Zustandes f ist eine Funktion der Prozesse, die die Entvölkerung des angeregten Zustandes bewirken. Hierbei handelt es sich um spontane Emission, Quenching und gegebenenfalls Prädissoziation, die über den EINSTEIN-A-Koeffizienten A_f, die Quenchingrate Q_f und die Prädissoziationrate P_f quantifiziert werden.

$$\Phi_f = \frac{A_f}{A_f + Q_f + P_f} = A_f \tau_f \tag{11}$$

Die Summe der entvölkernden Prozesse ist der reziproke Wert der Fluoreszenzlebensdauer τ_f dieses Zustandes. Die Fluoreszenzquantenausbeute Φ_{ges} der spektral integrierten Fluoreszenz ergibt sich aus der normierten Summe der Fluoreszenzquantenausbeuten für jeden Zustand.

$$\Phi_{ges} = \frac{\sum_f \Phi_f N_f}{\sum_f N_f} = \frac{\sum_f A_f \tau_f N_f}{\sum_f N_f} \approx A_f \frac{\sum_f \tau_f N_f}{\sum_f N_f} = A_f \tau_{ges} \tag{12}$$

Vernachlässigt man die Zustandsabhängigkeit der spontanen Emission, so erhält man die Fluoreszenzquantenausbeute aus dem Produkt des EINSTEIN-A-Koeffizienten A_f und der Lebensdauer τ_{ges} der spektral integrierten Fluoreszenz, die experimentell einfach bestimmbar ist.

Unter diesen Bedingungen ermöglicht die Proportionalität der Fluoreszenz zur Besetzung des Grundzustandes neben der Konzentrationsbestimmung die Bestimmung der Temperatur. Hierfür werden Fluoreszenzanregungsspektren aufgenommen. In diesem Fall werden verschiedene Rotationszustände des elektronischen Grundzustandes angeregt, deren Besetzung aus der Fluoreszenzintensität berechnet wird. Die Besetzung von Zuständen mit verschiedenen Rotationsquantenzahlen ist temperaturabhängig und der funktionelle Zusammenhang über die BOLTZMANN-Verteilung gegeben. Somit kann die Temperatur aus der Besetzung der Rotationsniveaus berechnet werden.

Dies kann sowohl durch eine BOLTZMANN-Auftragung der Fluoreszenzintensitäten oder Anpassung eines berechneten Spektrums an das Experiment realisiert werden. In dieser Arbeit wird die Temperatur über die zweite Auswertungsmethode mit dem Programmpaket LIF[9] bestimmt. Dieses Programm bietet die Möglichkeit, die Änderung der Fluoreszenzquantenausbeute mit der Rotationsquantenzahl zu berücksichtigen.

2.3 Methodik

Die Temperaturbestimmung wird aus folgenden Gründen mit LIF am OH-Radikal durchgeführt:

- OH-LIF ist eine in Flammen vielfach verwendete Methode, so daß auf detaillierte Untersuchungen zurückgegriffen werden kann, die die Einschätzung von Fehlerquellen ermöglichen und Methoden der Korrektur bieten.

- OH-Radikale sind in den meisten Flammmenzonen in ausreichender Konzentration vorhanden, so daß die Flamme nicht mit Fremdgasen, die die Reaktionen beeinflussen könnten, dotiert werden muß.

- Darüber hinaus ermöglichen die Messungen eine gleichzeitige Bestimmung der Konzentration der OH-Radikale, die aufgrund ihrer Beteiligung in zahlreichen Elementarreaktionen ein wichtige Rolle in der Gasphase und auf der Substratoberfläche spielen.

Im Falle der untersuchten, brennstoffreichen Kohlenwasserstoff-Flammen haben Stoßprozesse eine signifikante Bedeutung für die Fluoreszenzintensität. Sowohl für die Temperaturbestimmung als auch für die Messung der OH-Radikalkonzentration ist die oben beschriebene Berücksichtigung der Zustandsabhängigkeit der Fluoreszenzquantenausbeute erforderlich. Für die Messung der Temperatur ist die Bestimmung der relativen Fluoreszenzquantenausbeuten ausreichend, die Messung der absoluten OH-Konzentration erfordert jedoch eine Kalibrierung.

Zum einen kann das Fluoreszenzsignal durch Messungen in Flammen, deren absolute OH-Konzentration bekannt ist, kalibriert werden. Eine andere Möglichkeit besteht darin, die Detektionseffizienz durch RAMAN-Streuung zu bestimmen.[94,106] Für die Berechnung der Konzentration muß dann neben der Detektionseffizienz die Fluoreszenzquantenausbeute, die Temperaturabhängigkeit des Signals aufgrund der veränderten Besetzung des Grundzustandes, die Halbwertsbreite der Anregungslinie und die Transmission der verwendeten Filter berücksichtigt werden. Aufgrund dieser verschiedenen fehlerbehafteten Größen erhält man für die OH-Konzentration in der Summe Fehler von 50%.[121] Der größte Teil des Fehlers ist hierbei auf die Bestimmung der Detektionseffizienz zurückzuführen.

In anderen Systemen wird die absolute Konzentration von OH-Radikalen z.B.

über Absorptionsmessungen mit geringeren Fehlern ermittelt.[131] Die untersuchten Flammen sind am Rand des Brennerkopfes jedoch nicht mehr perfekt eindimensional, so daß bei Absorptionsmessungen über ein inhomogenes Volumen der Flamme gemittelt wird. Vor allem für Messungen mit Substrat erhält man entlang des Absorptionsvolumens eine inhomogene Veränderung der Flamme, weshalb im untersuchten System mit LIF genauere Bestimmmungen möglich sind. Da es Ziel dieser Arbeit ist, einen umfassenden Überblick über Gasphasenbedingungen und Veränderungen durch Variation der Abscheidungsparameter zu geben, ist der Fehler in der absoluten OH-Konzentration akzeptabel.

Für den H-Atomnachweis durch LIF-Spektroskopie ist der Energieabstand des ersten angeregten Zustandes zum Grundzustand zu groß, um den Nachweis über einen 1-Photonenprozeß durchzuführen. In diesem Fall würde Licht einer Wellenlänge im Vakuum-UV für die Anregung benötigt, das in der Flamme absorbiert wird. Deshalb wird LIF am H-Atom über Mehr-Photonenanregung durchgeführt. Hier erfolgt die Anregung der Spezies über die gleichzeitige Absorption mehrer Photonen, wobei es sich dabei um Photonen gleicher Wellenlänge oder verschiedener Wellenlängen handeln kann. Verschiedene Anregungsmöglichkeiten für H-Atome sind in Abbildung 11 dargestellt.

Im Gegensatz zur 1-Photonenanregung ist die Fluoreszenzintensität nicht mehr proportional zur Intensität des Anregungslichtes. Im einfachsten Fall erhält man für eine Anregung mit n Photonen eine Proportionalität zur n-ten Potenz der Anregungsintensität. Darüber hinaus sinkt das Übergangsmoment der Anregung mit ansteigender Anzahl der beteiligten Photonen, so daß höhere Intensitäten des Laserlichtes benötigt werden.

Bei der Auswahl des Anregungsschemas für die Messungen in den zu untersuchenden Systemen sind folgende Aspekte von besonderer Bedeutung.

- In brennstoffreichen Flammen stört Absorption des Laserlichtes den Nachweis. Sie nimmt mit kürzerer Wellenlänge der Anregung zu und ist von Emission begleitet, die mit der H-Atom-Fluoreszenz interferiert.[59] Aus diesem Grund ist es günstig, die H-Atome mit Laserlicht möglichst großer Wellenlänge anzuregen.

- Mit höherer Intensität der Anregungsstrahlung nimmt die Wahrscheinlichkeit der photolytischen Erzeugung von H-Atomen zu. Die erforderliche Laserintensität steigt für n-Photonenprozesse mit anwachsendem n,

2.3 Methodik

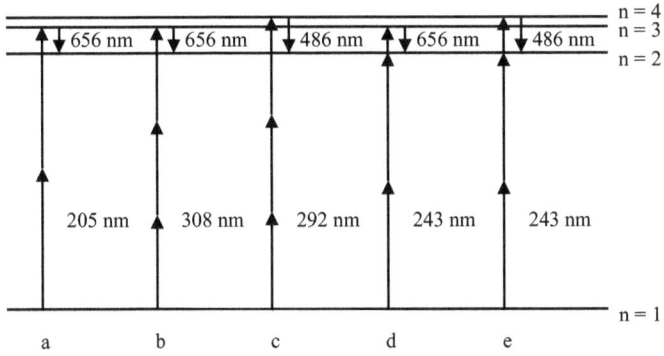

Abbildung 11: *Mehrphotonenanregung und Fluoreszenz am Beispiel des H-Atoms nach* LUCHT *et al.*[104] *(a),* ALDÉN *et al.*[3] *(b und c),* GOLDSMITH[57] *(d) sowie* GOLDSMITH *und* LAURENDEAU[58] *(e) (modifiziert aus [46]). Aufsteigende Pfeile kennzeichnen die Anregung, abfallende die Fluoreszenz.*

weshalb 2-Photonen-Prozesse den 3-Photonenprozessen vorzuziehen sind.

- Messungen mit Substrat erfordern eine ausreichende Differenz zwischen den Wellenlängen der Anregungsstrahlung und des Fluoreszenzsignals, damit eine spektrale Trennung des am Substrat gestreuten Laserlichtes von der nachzuweisenden Strahlung möglich ist.

Die beiden ersten Aspekte schließen sich gegenseitig aus, da die Beteiligung weniger Photonen zu einer kleineren Anregungswellenlänge führt. Aufgrund des letzten Aspektes ist die zweistufige Anregung nach **d** und **e** (vgl. Abb. 11) nicht geeignet. Darüber hinaus erfordern zwei verschiedene Anregungswellenlängen einen komplizierteren apparativen Aufbau.
Wegen der starken Absorption von Strahlung der Wellenlänge 205 nm ist der Nachweis der H-Atome nach **a** nicht durchführbar. Die Absorption von Strahlung der Wellenlängen 308 nm und 292 nm, die für die 3-Photonenanregung nach **b** und **c** verwendet werden, ist in den untersuchten Systemen vergleichbar. Eine Abschätzung nach dem Verhalten schwarzer Körper ergibt allerdings, daß die Wärmestrahlung des Substrates im Bereich der Detektionswellenlänge

656 nm ungefähr um den Faktor 180 größer ist, als bei 486 nm.
Aus diesen Gründen wird die Detektion der H-Atome über einen 3-Photonenprozeß nach dem Anregungsschema c durchgeführt. Da diese Methode hohe Anregungsenergien erfordert, ist nachzuweisen, daß keine photolytische Erzeugung der H-Atome stattfindet.

2.3.3 Molekularstrahl-Massenspektrometrie

Massenspektrometrie ist ein analytisches Verfahren, das eine Substanz über ihre Masse identifiziert. Die Massenbestimmung erfolgt durch Ionisation der Probe und anschließende Beschleunigung in einem magnetischen oder elektrischen Feld. Hierbei werden die Ionen in Abhängigkeit von dem Verhältnis der Masse m zur Ladung z des detektierten Ions räumlich oder zeitlich getrennt.[h] Die Methode ist sowohl für die Strukturaufklärung einer isolierten Substanz, als auch zur Bestimmung der Zusammensetzung von Gemischen geeignet.
Jedes massenspektrometrische Experiment unterteilt sich in drei Phasen: Probennahme, Ionisation der Probemoleküle und massenabhängige Trennung der Ionen, wobei die letzten beiden Phasen unter Hochvakuum durchgeführt werden müssen.

Probennahme

Durch die Probennahme müssen die Moleküle gegebenenfalls in die Gasphase überführt und der Transfer in die Vakuumbereiche des Experimentes gewährleistet werden. In reagierenden Systemen, wie im Fall der untersuchten Flammen, muß man zusätzlich folgende Anforderungen beachten: Das System sollte möglichst wenig durch die Probennahme gestört werden und eine anschließende unkontrollierte Veränderung der Probe darf nicht stattfinden.
Letzteres kann zum einen über gezielte Reaktion vorhandener Radikale mit Abfangreagenzien erreicht werden.[68,69] Der Nachweis hängt jedoch von der spezifischen Reaktionsfähigkeit der einzelnen Substanz mit dem Abfangreagenz ab und ist nur für reaktive Zwischenspezies verwendbar. Einen umfassenden

---

[h] Im folgenden wird davon ausgegangen, daß es sich um einfach geladene Ionen handelt. Synonym für das Verhältnis $\frac{m}{z}$ wird von der Masse der Ionen gesprochen. Es ist zu beachten, daß Ionen mit n-facher Ladung bei n-facher Masse ein gleiches Verhalten aufweisen.

2.3 Methodik

Überblick über stabile und reaktive Gasphasenkomponenten erreicht man durch die Ausblendung eines Molekularstrahls. Durch Expansion ins Vakuum wird die Teilchendichte so gering, daß keine Stöße mit anderen Teilchen und somit keine weiteren Reaktionen stattfinden.
Für die ideale Ausbildung eines Molekularstrahls ist erforderlich, daß sich der Strahl hinter der Düse frei ausbreiten kann. Nach der Theorie für die Ausbildung eines Molekularstrahls durch Überschallexpansion erhält man einen idealen Bereich (*Zone of silence*), dessen seitliche und hintere Begrenzung eine Funktion der Druckdifferenz und Düsenform ist.[111] Für die räumliche Anordnung des Molekularstrahlexperimentes sind zwei Punkte zu beachten: Die mittlere freie Weglänge muß größer sein als der Weg zum Detektor und die Form der Düse muß eine gute Ausbildung des Molekularstrahls gewährleisten.
Im vorliegenden Experiment bedeutet das, daß die mittlere freie Weglänge länger sein muß, als die Entfernung zum Ionisationsvolumen. Außerdem muß das Ionisationsvolumen innerhalb der *Zone of silence* liegen. Der Molekularstrahl kann über die hintere Begrenzung der *Zone of silence* verlängert werden, wenn mit einer zweiten Düse, dem Skimmer, innerhalb dieses Bereiches ein Teilstrahl ausgeblendet wird. Dieser zweistufige Aufbau erleichtert zum einen die Positionierung des Ionisationsvolumens und zum anderen die Reduzierung des Druckes von 50 mbar in der Flamme auf 10^{-5} mbar, der in der Ionisationskammer nicht überschritten werden darf.
Die Form der Düse zur Ausblendung des Molekularstrahls ist ein Kompromiß zwischen möglichst geringer Flammenstörung und guter Ausbildung eines Molekularstrahls. Für ersteres ist der Öffnungswinkel einer kegelförmigen Quarzdüse möglichst schmal, für zweiteres möglichst groß. Für die durchgeführten Experimente wird eine Düse mit einem Öffnungswinkel von 45° verwendet. In diesem Fall ist der Öffnungswinkel der Düse groß genug, daß ein Molekularstrahl ausgebildet werden kann. Für Düsen in der verwendeten Größe wird in verschiedenen Untersuchungen[22,41,45] eine Verschiebung der Konzentrationsprofile entlang der x-Achse zu größeren Abständen von der Brenneroberfläche beobachtet. Dieser Effekt liegt in einer lokalen Kühlung der Flamme durch die Düse begründet.
Als Düsenmaterial wird Quarzglas verwendet, da es gegenüber der nachzuweisenden Spezies recht inert ist[72] und den hohen Temperaturen (bis 3000 K) in den untersuchten Flammen standhält.

Ionisation

Die Art der Ionisation ist entscheidend für die Aussagefähigkeit eines Spektrums und ist je nach Zielsetzung unterschiedlich durchzuführen. Umso mehr Energie dem zu ionisierenden Molekül zugeführt wird, desto eher bildet es Fragmentionen. Für die Detektion einer isolierten Substanz erhält man in diesem Fall neben dem Molekulargewicht über die Fragmentionen zusätzliche Strukturinformationen. Bei der Analyse von Gemischen ist die Bildung von Fragmenten jedoch unerwünscht, da sie nicht von Mischungskomponenten unterschieden werden können.

Die Ionisation im Molekularstrahlexperiment kann durch Photonen oder Elektronenstoß induziert werden. Für die in dieser Arbeit durchgeführte zeitliche Trennung der Ionen (vgl. folgenden Abschnitt), muß die Ionisation gepulst durchgeführt werden. Entscheidend für die Auflösung in diesem Experiment ist unter anderem die Definition des Ionisationszeitpunktes.

Mit dem Photoionisationsverfahren ist potentiell eine höhere Massenauflösung im Flugzeit-Massenspektrometer (time of flight Massenspektrometer, TOF-MS) möglich, da die Pulsdauer eines Lasers einfacher auf kurze Zeiträume von wenigen Nanosekunden zu begrenzen ist als die Pulsdauer eines Elektronenstrahls. Darüber hinaus ist die Photoionisation sensitiver und selektiver, wobei letzteres im vorliegenden Fall jedoch nicht unbedingt erwünscht ist. Für die Elektronenstoßionisation ist der apparative Aufwand deutlich geringer. Da in der verwendeten Apparatur mit beiden Verfahren eine vergleichbare Massenauflösung erreicht wird, werden die Moleküle des Molekularstrahls durch Elektronenstoß ionisiert.

Die Effektivität der Ionisation ist eine molekülspezifische Funktion der Elektronenenergie. Der Stoß eines Elektrons mit einem Molekül kann zur Ionisation des Moleküls führen, wenn die Energie des Elektrons höher ist als die Ionisationsenergie des Moleküls. Experimentell wird eine Ionisationsschwelle beobachtet, ab der Molekülsignale detektiert werden. Für hohe Elektronenenergien steigt die Empfindlichkeit des Nachweises, jedoch auch die Wahrscheinlichkeit, daß durch den Elektronenstoß soviel Energie übertragen wird, daß das Molekül in Fragmente zerfällt. Aus diesem Grund wird im vorliegenden Experiment mit einer Elektronenenergie von 15 eV ionisiert, um ausreichende Signalstärken in Kombination mit geringer Fragmentation zu erhalten.

2.3 Methodik

Trennung der Ionen

Die massenabhängige Trennung der Ionen verläuft über verschiedene Beschleunigungsverfahren, die eine räumliche oder zeitliche Trennung für Ionen unterschiedlicher Masse bewirken. Klassische Verfahren, die über magnetische oder elektrische Felder Ionen auf unterschiedliche Flugbahnen lenken, weisen eine gute Aufspaltung für kleine Massen auf. Die Auflösung wird für hohe Massen jedoch schlechter und ist gerätespezifisch auf eine maximale Masse begrenzt.

In dieser Arbeit wird mit einem TOF-MS gearbeitet. Die Beschleunigung erfolgt in diesem Fall für alle Massen entlang einer einheitlichen Flugbahn. Die Geschwindigkeit der Ionen ist jedoch massenabhängig und somit treffen unterschiedliche Massen zu verschiedenen Zeiten auf den Detektor. Diese Methode bietet auch für hohe Massen eine zufriedenstellende Auflösung und wird für Moleküle bis zu $5*10^5$ amu[i] eingesetzt.[76] Der begrenzende Faktor für die maximal meßbare Masse ist in diesem Fall jedoch nicht von der Massentrennung sondern vom Ionisierungsverfahren abhängig.[98]

In einem TOF-MS werden die Ionen gepulst aus dem Ionisationsvolumen heraus durch ein elektrisches Feld beschleunigt. Die Pulsdauer beträgt in der Regel wenige Nanosekunden und wird mit einer Repetitionsrate von $\approx$10 kHz durchgeführt. Die maximale Höhe der Repetitionsrate wird durch die Flugzeit des schwersten Ions festgelegt. Die Repetitionsrate muß so gewählt sein, daß der Abstand zweier aufeinanderfolgender Pulse größer ist als die maximale Flugzeit.

Die Auflösung des TOF-MS hängt davon ab, inwiefern Ionen mit unterschiedlicher Position und kinetischer Energie zum Zeitpunkt der Beschleunigung gleichzeitig auf den Detektor geleitet werden können. Bei zweistufiger Ionenextraktion aus dem Ionisationsvolumen erhält man einen Punkt, an dem Moleküle gleicher Masse gleichzeitig antreffen.[25] Dieser Fokus liegt zu nah am Ionisationsvolumen, um an dieser Stelle die Ionen detektieren zu können. In diesem Fokus haben die Moleküle jedoch eine unterschiedliche kinetische Energie, so daß sie sich hinter diesem Punkt mit verschiedener Geschwindigkeit ausbreiten. Aus diesem Grund wird für die Messungen ein zweistufiges Reflektron verwendet.

In dem Reflektron wird der Ionenstrahl in fast entgegengesetzte Richtung

---

[i] atomare Masseneinheit, atomic mass unit

umgelenkt. Schnellere Ionen dringen tiefer in das Reflektron ein, so daß ihre Verweildauer im Reflektron höher ist als die von langsameren Ionen. Hinter dem Reflektron ergibt sich dann wieder ein zeitlicher Fokus. Für eine Energieabweichung von ±5% erhält man mit einem zweistufigen Reflektron eine Abweichung in der Flugzeit von 0,001%.[25]

Mit zweistufiger Ionenextraktion und zweistufigem Reflektron weist das in dieser Arbeit verwendete TOF-MS eine Massenauflösung von $\frac{m}{\Delta m} \geq 3000$ auf. Theoretische Grundlagen und weiterführende Betrachtungen zur Auflösung im TOF-MS finden sich bei BOESL et al.[25] und IOANOVICIU[76].

2.3.4 Simulation

Die Simulation von Reaktionsabläufen mit aufgestellten Mechanismen ist ein wichtiges Hilfsmittel zur Aufklärung chemischer Vorgänge. Darüber hinaus ermöglicht die Simulation mit Hilfe bestätigter Mechanismen, Systeme zu beschreiben und durch Vorhersagen bezüglich gewünschter Parameter zu optimieren. Durch Vergleich mit Experimenten werden Simulationsmodelle entwickelt und getestet. Ziel ist es, Modelle zu entwickeln, die ein System über eine große Parametervariation korrekt beschreiben. Die Simulation von Flammen ist äußerst kompliziert, da mehrdimensional die Wechselwirkung von Strömung, chemischer Reaktion und Transport berücksichtigt werden muß.

Ein vereinfachtes Beispiel für die mathematische Beschreibung von Verbrennungsprozessen ist eine ebene laminare Vormischflamme, die eindimensional beschrieben werden kann und sich durch ein einfaches Strömungsprofil sowie ein konstantes C/O-Verhältnis auszeichnet. Die Beschreibung von Diffusionsflammen, in denen der Brennstoff erst während der Verbrennung mit dem Oxidationsmittel vermischt wird, ist deutlich komplexer als für vorgemischte Flammen. Im Gegensatz zu vorgemischten Flammen umfaßt die Stöchiometrie einer Diffusionsflamme im Prinzip den vollständigen Bereich von reinem Oxidationsmittel bis zu reinem Brennstoff. Die Beschreibung von Abscheidungsprozessen wird über eine Kopplung der Gasphase mit einer reaktiven Platte realisiert. CVD-Prozesse werden meistens unter Annahme einer Staupunktströmung simuliert, da das Strömungsprofil in diesem Fall durch mathematische Transformationen eindimensional beschrieben werden kann.[110]

Der Vorteil von Systemen mit einfacher Strömungsgeometrie ist, daß mit vertretbarem Rechenaufwand detaillierte Reaktionsmechanismen verwen-

2.3 Methodik

det werden können. Im folgenden Kapitel werden grundlegende Prinzipien der Simulation ebener, laminarer Flammen, wie sie in dieser Arbeit untersucht werden dargestellt. Ein guter Überblick über diese Thematik wird von WARNATZ et al.[148] in dem Buch *Combustion*[j] dargestellt. Soweit nicht anders angegeben, sind folgende Aussagen diesem Buch entnommen.

Reagierende Strömungen werden durch Druck, Dichte, Temperatur, Strömungsgeschwindigkeit und Zusammensetzung beschrieben. Energie, Masse und Impuls sind Erhaltungsgrößen des Systems und werden unabhängig von den stattfindenden Reaktionen weder gebildet noch verbraucht. Aus der Bilanz dieser Größen ergeben sich Erhaltungsgleichungen, durch die Verbrennungsprozesse beschrieben werden können. Man erhält lineare Gleichungssysteme, die z.B. mit Newton-Verfahren gelöst werden können.[29,120] Hierbei müssen Thermodynamik, Transportprozesse und die Kinetik von Reaktionsmechanismen berücksichtigt werden.

Die Thermodynamik erlaubt die Berechnung von Stoffeigenschaften wie spezifische Wärmekapazität und spezifische Enthalpien, die in den Energieerhaltungsgleichungen auftreten. Ferner lassen sich über die Thermodynamik Gleichgewichtszusammensetzung und -temperatur sowie die Geschwindigkeiten von Rückreaktionen berechnen.

Molekulare Transportprozesse wie Diffusion, Wärmeleitung und Viskosität beschreiben den Transport der Erhaltungsgrößen Masse, Energie und Impuls aufgrund der Bewegung der Moleküle. Zusätzlich treten noch Phänomene wie Massentransport durch Temperaturgradienten (Thermodiffusion, SORET-Effekt) und Energietransport durch Konzentrationsgradienten (DUFOUR-Effekt) auf,[71] deren Einfluß in der Regel jedoch sehr klein ist und nur selten berücksichtigt wird.

Unter der Bedingung, daß die chemischen Reaktionen deutlich schneller ablaufen als die anderen Prozesse wie Diffusion, Wärmeleitung und Strömung, ermöglicht die Thermodynamik die vollständige Beschreibung eines Systems. In Flammen ist die Geschwindigkeit der chemischen Reaktionen jedoch vergleichbar mit der Geschwindigkeit der Strömung und der molekularen Transportprozesse, so daß die Kinetik der Reaktionen bei der Simulation beachtet werden muß.

Das Kernstück bei der Simulation chemischer Prozesse ist der postulierte

---

[j] Die deutsche Übersetzung einer älteren Ausgabe ist unter dem Titel „Technische Verbrennung" erschienen.[147]

Reaktionsmechanismus, mit dem stattfindende Elementarreaktionen beschrieben werden. Für die Beschreibung der Gasphase in diamantabscheidenden Flammen sind verschiedene Mechanismen entwickelt worden die z.b. 853 Reaktionen von 190 Spezies umfassen können (vgl. auch Kapitel 2.1.3, S. 12).[38] Eine große Anzahl von Spezies und Reaktionen führt zu einem hohen Rechenaufwand, so daß sinnvoll sein kann, die Reaktionen auszuwählen, die einen entscheidenden Einfluß auf die Gasphase haben.
So gelang es z.B. WOLDEN et al. zwei verschiedene Mechanismen (24 Reaktionen und 12 Spezies bzw. 89 Reaktionen und 39 Spezies) zur Beschreibung der Gasphase in einem Hot-Filament-Reaktor auf 9 Reaktionen von insgesamt 9 Spezies zu reduzieren, um diesen Mechanismus für mehrdimensionale Simulationen zu verwenden.[153] Der Vorteil detaillierter Mechanismen ist jedoch, daß mit ihnen Veränderungen der Gasphase in Abhängigkeit von den Prozeßparametern beschrieben werden können. Kleinere Mechanismen stellen in der Regel veränderte Prozeßbedingungen nur schlecht dar.
Bedeutend für die korrekte Beschreibung der Gasphase durch einen Mechanismus ist neben der Auswahl der Elementarreaktionen die Definition der verwendeten Geschwindigkeitskonstanten, die nicht immer experimentell zugänglich sind.[145] Fehlende Konstanten werden mit Hilfe ähnlicher Reaktionen abgeschätzt und durch Vergleich der Simulationsergebnisse mit dem Experiment überprüft.

Stöchiometrische Kohlenwasserstoff-Flammen können inzwischen zufriedenstellend berechnet werden.[90] Die Gasphasenbedingungen in brennstoffreichen Flammen und Prozesse der Rußbildung sind jedoch noch Inhalt intensiver wissenschaftlicher Diskussion und werden auf verschiedene Art beschrieben.[26,100,144]

Die Reaktionsmechanismen beinhalten in der Regel mehr als hundert Spezies, die an mehreren hundert Reaktionen mit größtenteils abgeschätzten Geschwindigkeitskonstanten beteiligt sind. Vor allem für höhermolekulare Spezies, die durch mehrere aufeinander folgende Reaktionen enstehen, ist eine korrekte Vorhersage schwierig. Aufgrund der Komplexität dieser Systeme ist eine Berechnung der Konzentration von Zwischenspezies mit einem Fehler von einem Faktor 2 als gut zu bezeichnen.

Für die Durchführung von Simulationen existieren numerische Programme, mit denen Flammenbedingungen berechnet werden können. In der vorliegenden Arbeit wird das Programm CHEMKIN II verwendet.[82,84]

2.3 Methodik

Neben der Eingabe der Elementarreaktionen werden die thermodynamischen und die Transportdaten der verwendeten Spezies benötigt. Eingabeparameter sind Anfangszusammensetzung und Massenfluß. Optional kann die Flamme mit vorgegebenem Temperaturprofil brennerstabilisiert oder als freie Flamme unter adiabatischen Bedingungen berechnet werden. Im letzten Fall erhält man als zusätzlichen Eigenwert die Flammengeschwindigkeit. Zum besseren Verständnis des Mechanismus können mit dem Programm Sensitivitäts- und Reaktionsflußanalysen durchgeführt werden, mit denen entscheidende Eigenschaften des Mechanismus beschrieben werden. Sensitivitätsanalysen identifizieren geschwindigkeitsbestimmende Reaktionsschritte, Reaktionsflußanalysen ermitteln charakteristische Reaktionswege und Eigenvektoranalysen bestimmen spezifische Zeitskalen und Richtungen der chemischen Reaktionen.

3 Experimentelle Methoden

In der vorliegenden Arbeit wird die Diamantabscheidung in Niederdruckflammen untersucht. Die Substratoberflächen werden nach der Beschichtung mit SEM und RAMAN-Spektroskopie charakterisiert. Die Gasphasentemperatur und die Konzentration der OH- und H-Radikale in der Gasphase wird mit LIF bestimmt. Ergänzend dazu liefern MBMS-Messungen einen Überblick über die Zusammensetzung der Gasphase. Diese Ergebnisse werden mit Simulationen der Gasphasenkonzentrationen verglichen.

In diesem Kapitel werden die verwendeteten Flammen und Brennerkonfigurationen, die Bedingungen der Abscheidung und Charakterisierung der Diamantschichten sowie die Durchführung der LIF-Messungen und der massenspektrometrischen Untersuchungen beschrieben. Im Anschluß werden die Eingabeparameter der Simulation dargestellt.

3.1 Flammen

Im Rahmen dieser Arbeit werden brennerstabilisierte, ebene Flammen untersucht. Hierfür werden Matrixbrenner verwendet, deren bronzene Sinterplatte auf 310 K gekühlt wird.

Die untersuchten Acetylen/Sauerstoff/Argon-Flammen haben in allen Experimenten einen Druck von 50 mbar und eine Kaltgasgeschwindigkeit von 86 cm/s, wobei die Brenngase mit einem Argonanteil von 48% verdünnt werden. Die Stöchiometrie der Flammen umfaßt den Bereich von $R = [O_2]/[C_2H_2] = 0,8 - 1,8$, was einem Äquivalenzverhältnis von $\phi_{CO_2} = 3,1 - 1,4$ entspricht. Zusätzlich wird für Kalibrationsexperimente eine bei Bittner et al.[23] beschriebene Wasserstoff/Sauerstoff/Argon-Flamme mit einer Kaltgasgeschwindigkeit von 56 cm/s und einem Äquivalenzverhältnis $\phi = 0,6$ bei einem Druck von 95 mbar verwendet, deren Argonanteil 63% beträgt.

Die Gaszufuhr wird mit Durchflußreglern der Firma Tylan aktiv kontrolliert. Alle Gase werden von der Firma Linde AG bezogen. Die Reinheit der Gase wird für Sauerstoff mit 99,5%, für Argon mit 99,96% und für Wasserstoff mit 99,99% angegeben. Das verwendete Acetylen (99,8%) liegt in Aceton

gelöst vor. Ein Effekt des Acetonanteils im Acetylen, von dem für Flammen-CVD-Abscheidungen bei Atmosphärendruck berichtet wurde,[17] konnte unter diesen Bedingungen nicht beobachtet werden.
Aufgrund unterschiedlicher meßtechnischer Anforderungen werden verschiedene Vakuumkammern und Substrathalterungen verwendet, um den experimentellen Aufbau entsprechend zu optimieren. Der Großteil der Experimente wird mit einer Molybdänklammer als Subtrathalterung (vgl. Abb. 12) durchgeführt, die für die LIF- und MBMS- Messungen in zwei verschiedene Vakuumkammern eingebaut wird. In einem dritten Experiment wird mit Hilfe der Ergebnisse aus der Gasphasendiagnostik und Abscheidung die Substrathalterung so verändert, daß eine Optimierung der Depositionsbedingungen möglich ist.

Für alle LIF-Messungen und die Abscheidungsexperimente mit der Molybdänklammer als Substrathalterung ist der Brennerdurchmesser 50 mm. Die

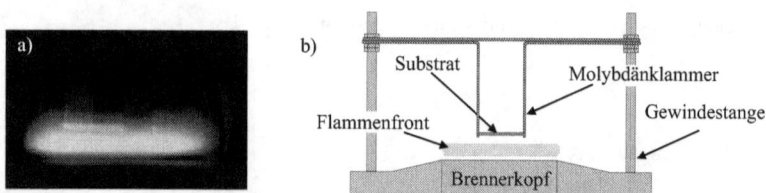

Abbildung 12: *Photographie (a) und schematische Darstellung (b) der Molybdänklammer*

Flamme befindet sich in einem Vakuumgehäuse, das eine stufenlose vertikale Verstellbarkeit des Brenners mit einer Genauigkeit von 0,25 mm ermöglicht und mit Quarzfenstern für den optischen Zugang ausgestattet ist.
In diesem Experiment gibt es zwei Möglichkeiten, den Abstand h_{sub} zwischen Brenneroberfläche und Substrat zu variieren. Zum einen wird das Substrat fest im Gehäuse montiert. Die Variation des Substratabstandes h_{sub} wird durch Verschiebung des Brenners realisiert. Dieses Vorgehen wird zur Bestimmung der Abscheidungsbedingungen gewählt. Zum anderen wird für die LIF-Messungen die Substrathalterung in einem festen Abstand zur Brenneroberfläche am Brennerkopf befestigt. Mit dieser Konfiguration werden ortsaufgelöste Temperatur- und Konzentrationsprofile durch Veränderung des Abstandes h zwischen dem Meßpunkt und der Brenneroberfläche bei konstantem h_{sub} aufgenommen (vgl. Abb. 13a).

3.1 Flammen

Die massenspektrometrischen Untersuchungen werden aus technischen Gründen in einem anderen Gehäuse durchgeführt, in das derselbe Brennertyp mit einem Durchmesser von 63 mm eingebaut ist. Die Gasdurchflüsse sind entsprechend

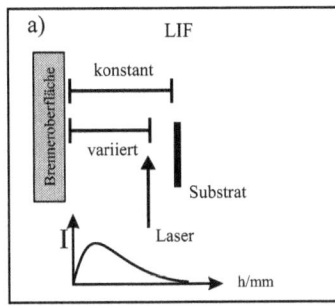 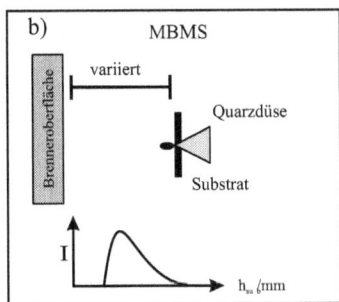

Abbildung 13: *Schematische Darstellung der unterschiedlichen Bestimmung der Höhenprofile in der Flamme mit Substrat für LIF und MBMS.*
a) LIF Messungen werden bei konstantem Brenner-Substrat-Abstand h_{sub} an verschiedenen Positionen h des Laserfokus zwischen Brenneroberfläche und Substrat aufgenommen.
b) Höhenprofile im Molekularstrahlexperiment bestimmen die Konzentration an der Substratoberfläche (0 – 0,4 mm) in Abhängigkeit der Entfernung des Substrates von der Brenneroberfläche h_{sub}.

angepaßt, so daß die Experimente mit denselben Kaltgasgeschwindigkeiten und Stöchiometrien durchgeführt werden. Für Höhenprofile kann der Brennerkopf ebenfalls mit einer Genauigkeit von 0,25 mm vertikal verschoben werden. Um Verwirbelungen zu vermeiden, die aufgrund einer rückseitigen Absaugung entstehen, ist der Brennerkopf von einem Glaszylinder umgeben, der die Flamme abschirmt und stabilisiert.
Der Molekularstrahl wird durch einen Quarzglaskegel (Öffnungswinkel 45°, Durchmesser der Öffnung $\approx$ 150 μm) ausgeblendet. Für Messungen mit Substrat wird auf die Düse ein Molybdänsubstrat gesteckt und so fixiert, daß die Düsenspitze bündig mit der Substratoberfläche abschließt. Für diese Messungen entspricht die Probe immer einer Analyse der Gasphase an der Oberfläche des Substrates, wobei über das Volumen in einem Abstand von 0 bis 0,4 mm von der Oberfläche gemittelt wird.[27] Höhenprofile entsprechen in diesem Fall also einer Variation des Substratabstandes h_{sub} zur Brenneroberfläche.

Dies stellt den wesentlichen Unterschied zwischen den laserspektroskopischen und massenspektrometrischen Messungen mit Substrat dar und ist zur Erläuterung in Abb. 13 schematisch dargestellt. Vor allem für niedrige Höhen unterscheiden sich die mit MBMS gemessenen Profilverläufe aufgrund des Substrates deutlich von den Ergebnissen der Laserspektroskopie, da in diesem Fall die Flamme durch das Substrat stark verändert wird.

Abbildung 14 zeigt eine Photographie und eine schematische Darstellung der zweiten Substrathalterung. Entscheidende Veränderungen gegenüber der Molybdänklammer liegen in der aktiven Temperatursteuerung des Substrates und der Größe, die die Ausbildung einer Staupunktströmung bewirkt. Die Substrathalterung besteht aus einem Metallzylinder, der getrennt vom

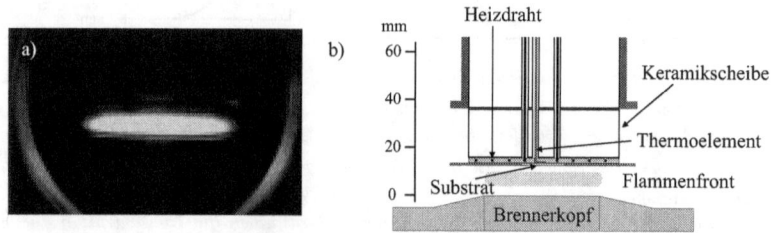

Abbildung 14: *Photographie (a) und schematische Darstellung (b) der Substrathalterung mit aktiver Temperaturkontrolle.*

Brennerkopf mit einer Auflösung von 0,25 mm in der Vertikalen verstellt werden kann. An das Ende des Metallzylinders wird eine Molybdänplatte ($\varnothing = 80$ mm) geschraubt, mit der das Substrat gegen eine Heizplatte gedrückt wird. In der Molybdänplatte befindet sich eine passende Aussparung, so daß sie bündig mit dem Substrat abschließt.

Die Heizplatte besteht aus einer runden 2 mm starken Molybdänplatte ($\varnothing = 65$ mm). In eine 1,5 mm tiefe, spiralförmige Nut ist ein Heizdraht ($\varnothing = 1$ mm) der Firma Thermocoax eingepresst. Durch die Heizplatte wird ein Thermoelement (Ni/CrNi, Thermocoax LKI, 0,5 mm) geführt, das rückseitig die Temperatur des Substrates bestimmt. Das Thermoelement ist mit einem PID-Regler gekoppelt, der den Heizdraht steuert. Aufgrund der hohen Wärmeabfuhr der Substrathalterung muß das Substrat für die untersuchten Bedingungen geheizt werden. Um die Wärmeübertragung auf andere Bereiche der Substrathalterung zu minimieren, wird zwischen der Heizplatte und dem

Metallzylinder eine 2 cm dicke Keramikscheibe eingebaut.
Für den Zündprozess kann vor das Substrat ein Metallblech geschoben werden.
Dadurch werden die Startbedingungen der Abscheidung eindeutiger definiert.

3.2 Diamantabscheidung und Charakterisierung

Die Beschichtungsexperimente werden mit Molybdänsubstraten in einer typischen Größe von $20 * 14$ mm^2 durchgeführt. Zur Entfernung von Verunreinigungen und Oxiden wird die Oberfläche zuerst mit 1/600 und dann mit 1/1000 Korundpapier geschliffen. Soweit nicht anders erwähnt, werden diese Substrate danach mit synthetischem Diamantpulver einer mittleren Korngröße von $2-3$ μm poliert und mit Wasser gereinigt. Bevor das Substrat in den Brenner eingebaut wird, werden sonstige Verunreinigungen mit Aceton entfernt.

Wird das Substrat mit der Molybdänklammer in der Apparatur befestigt, so findet die Erwärmung des Substrates nur durch Energieübertragung aus der Flamme statt. Aufgrund der schmalen Kontaktflächen zwischen der Halterung und dem Substrat ist das Substrat nahezu thermisch isoliert und der Verlust der zugeführten Wärme findet haupsächlich über Schwarzkörperstrahlung statt. Die geringen Kontaktflächen und der hohe Wärmeleitfähigkeitskoeffizient des Substratmaterials bewirken, daß keine Inhomogenität der Substratoberfläche beobachtet werden kann, die durch die Substrathalterung hervorgerufen wird. Geringe Inhomogenitäten von ±10 K werden vornehmlich für nicht polierte Substrate an Schleifspuren beobachtet.

Die Substrathalterung mit aktiver Temperaturkontrolle ist demgegenüber so konstruiert, daß durch die flache Auflage auf der Heizplatte eine ausreichende Dynamik der Wärmeübertragung gewährleistet ist und keine Inhomogenität der Substratemperatur beobachtet werden kann.

Die Substrattemperatur wird in beiden Abscheidungskonfigurationen von der Rückseite mit einem Ni/CrNi Thermoelement (Thermocoax, Typ LKI, 0,5 oder 1 mm Durchmesser) bestimmt und zeigt eine Übereinstimmung von ±20 K mit pyrometrischen Messungen.

Nach der Beschichtung werden die Substratoberflächen mit RAMAN-spektroskopie und SEM charakterisiert. Die RAMAN-Spektren werden mit der von Bergmann[16] beschriebenen Apparatur durchgeführt. Als Lichtquelle dient ein Argonionenlaser (Coherent, Innova 305, 1 Watt) der bei einer Wellenlänge von 488 nm betrieben wird. Die Proben werden in einem Winkel von 22° über eine Fläche von 1 mm bestrahlt. Somit ist die räumliche Auflösung der RAMAN-Analyse groß genug, um eine Veränderung der Schichtqualität über die Probe beobachten zu können. Gleichzeitig ist eine ausreichende örtliche Mittelung über mikroskopische Inhomogenitäten gewährleistet.

Die Streustrahlung wird in einem Winkel von 45° gesammelt, mit einem Doppelspaltmonochromator bei einer Auflösung von 1,4 cm^{-1} aufgespalten, auf einen gekühlten Photomultiplier (RCA C31034) geleitet und mit einem Photon-Counting-System (HP 5316A) digitalisiert. Die Wellenlänge der Verschiebung wird mit einem Spektrum von Nitrobenzol kalibriert.[128]

In Ergänzung zur RAMAN-Spektroskopie werden die Proben mit einem Raster-Elektronen-Mikroskop (Hitachi, S450) charakterisiert. Die Kristallmorphologie kann in 500- bis 5000-facher Vergrößerung abgebildet und je nach Bedarf entweder photographiert oder digital abgespeichert werden. In beiden Fällen haben die Darstellungen für die 5000-fache Vergrößerung mindestens eine Auflösung von 200 nm.

3.3 Laserinduzierte Fluoreszenz (LIF)

Die Messungen der laserinduzierten Fluoreszenz wurden am H-Atom und OH-Radikal in Abhängigkeit vom Abstand zur Brenneroberfläche in Flammen mit und ohne Substrat durchgeführt. Für die Untersuchungen wird die bei Lee et al.[97] beschriebene Apparatur verwendet, weshalb an dieser Stelle nur auf die wichtigsten Änderungen für die Messungen der jeweiligen Spezies eingegangen wird.

3.3.1 OH-LIF

Um die Gasphasentemperatur und die Konzentration an OH-Radikalen zu bestimmen, wird die A-X (1,0) Bande des OH-Radikals mit Laserlicht von Wellenlängen um 282 nm angeregt. Die Laserstrahlung wird mit einem Lasersystem der Firma Quanta Ray, bestehend aus einem Pumplaser (ND:YAG, DCR 2A), einem Farbstofflaser (PDL 2) und je einer Frequenzverdopplungseinheit (PHS 1 [KDP-Kristall], WEX-1 [KDP-Kristall]) hinter den Lasereinheiten

3.3 Laserinduzierte Fluoreszenz (LIF)

erzeugt. Die Verdopplungseinheit WEX-1 ist in der Lage, die Ausrichtung des Verdopplerkristalls automatisch an die Wellenlängenveränderung des Farbstofflasers anzupassen und die mit Rhodamin 6G erzeugte Strahlung in Licht einer Wellenlänge zwischen 276 nm und 284 nm zu verdoppeln. Die erzeugte Laserstrahlung mit einer Pulsdauer von ≈ 5 ns und einer Bandbreite von ≈ 2 cm^{-1} hat nach Abschwächung und Passieren eines Depolarisators eine mittlere Pulsenergie von 25 nJ, für die eine lineare Abhängigkeit des Signals von der Intensität des Laserlichtes nachgewiesen wurde. Mit einer Linse der Brennweite $f = 500$ mm wird der Laserpuls auf den Brennermittelpunkt fokussiert. Die minimale Strahltaille beträgt in diesem Fall 250 µm.

Die Fluoreszenz wird im rechten Winkel mit einer Linse der Brennweite $f = 108$ mm gesammelt. Das Signal wird spektral integriert mit einem Photomultiplier (Valvo, XP20Q) aufgenommen. Hierbei wird die Fluoreszenzstrahlung mit einer Kombination aus Kantenfiltern (Schott, UG11 & WG280) und einem Interferenzfilter mit einer Halbwertsbreite von 20 nm und einer maximalen Transmission von 50% bei 315 nm von gestreuter Anregungsstrahlung getrennt.

Für die Temperaturbestimmung werden Anregungsspektren von $281,45 - 282,73$ nm aufgenommen. In diesem Wellenlängenbereich absorbieren Zustände des OH-Radikals mit Rotationsquantenzahlen von $J = 0,5 - 14,5$. Die Konzentration der OH-Radikale wird über die Intensität der $Q_1(5)$-Linie[k] erhalten. Neben der hohen Fluoreszenzintensität dieser Anregungslinie ist sie aufgrund der relativ geringen Temperaturabhängigkeit der Besetzung des Grundzustandes für die Konzentrationsbestimmung besonders geeignet.

In Abhängigkeit vom Experiment wird das Signal auf zwei verschiedene Arten detektiert. Die Fluoreszenzlebensdauern werden mit einem Digitaloszillograph (LeCroy 9374) bestimmt, wohingegen bei allen anderen Messungen das Signal mit einem Boxcar Integrator (Stanford Research Systems SR 250) über ein Zeitfenster von 5 ns integriert am Maximum der Fluoreszenzintensität aufgenommen wird.

Alle Messungen mit Substrat werden bei einem konstanten Abstand zwischen Brenner und Substrat von $(10,65 \pm 0,10)$ mm durchgeführt.

---

[k] Nomenklatur nach DIEKE und CROSSWHITE[43]

3.3.2 H-LIF

H-Atome werden mit derselben Apparatur wie für das OH-LIF-Experiment nachgewiesen. Die Detektion wird über 3-Photonenanregung mit Laserstrahlung der Wellenlänge 291,68 nm[3] und Nachweis der entstehenden Fluoreszenz bei 486 nm durchgeführt (vgl. Abb. 11, S. 33).
Die häufig verwendete Anregung über einen 2-Photonenprozeß mit Licht der Wellenlänge 205 nm ist aufgrund hoher Absorption dieser Strahlung nicht möglich. In den verwendeten Acetylen-Flammen wird für Licht der Wellenlänge 205 nm bei einem einfachen Flammendurchgang eine Absorption von 8% nachgewiesen, während diese für 292 nm unter 1,5% sinkt. Zusätzlich erfordert der Wechsel zwischen H-LIF und OH-LIF in diesem Fall nur geringfügige Veränderungen der Apparatur. Die maßgeblichen Änderungen für die H-LIF-Messungen liegen im Wechsel des Farbstoffes und der Detektionseinheit.
Unter Verwendung des Farbstoffes Rhodamin B werden Laserpulse mit mittleren Energien von 6 mJ erzeugt, die mit einer Linse der Brennweite $f = 125$ mm auf den Brennermittelpunkt fokussiert werden. Aufgrund der starken Hintergrundstrahlung wird die resultierende Fluoreszenz mit einem Monochromator (Jobin Yvon HR640, Brennweite = 640 mm, Gitter mit 2400 Strichen pro mm) spektral gefiltert und anschließend mit einem Photomulitplier (Hamamatsu, 1P28) detektiert, dessen Signale nach der Digitalisierung über 1700 − 2000 Einzelpulse gemittelt werden.
Die H-Atom-Messungen mit Substrat werden mit einem konstanten Brenner-Substrat-Abstand von $(10, 60 \pm 0, 10)$ mm durchgeführt.

3.4 Molekularstrahl-Massenspektrometrie (MBMS)

In Ergänzung zu den Temperatur-, H- und OH-Radikal-Bestimmungen werden mit einem Flugzeitmassenspektrometer (Käsdorf, ROF 100) mit zweistufigem Reflektron Konzentrationsverläufe der Hauptspezies und reaktiver Kohlenwasserstoffe gemessen. Spezies mit Massen bis zu 500 amu können mit einer Auflösung (m/Δ m) von 3000 bei 100 amu detektiert werden. In diesem Fall kann z.B. um 40 amu das Argonsignal vom C_3H_4-Signal getrennt werden, sofern die Signalintensität der einen Spezies nicht weniger als 5% der anderen beträgt.

3.4 Molekularstrahl-Massenspektrometrie (MBMS)

Abbildung 15 zeigt schematisch den Aufbau des MBMS-Experimentes. Die Flamme befindet sich in einer Vakuumkammer, die mit einer Einstufendrehschieberpumpe (Balzers, UNO 035 D, 10 l/s) auf 50 mbar evakuiert wird. Aufgrund der hohen Differenz zwischen den erforderlichen Drücken in der

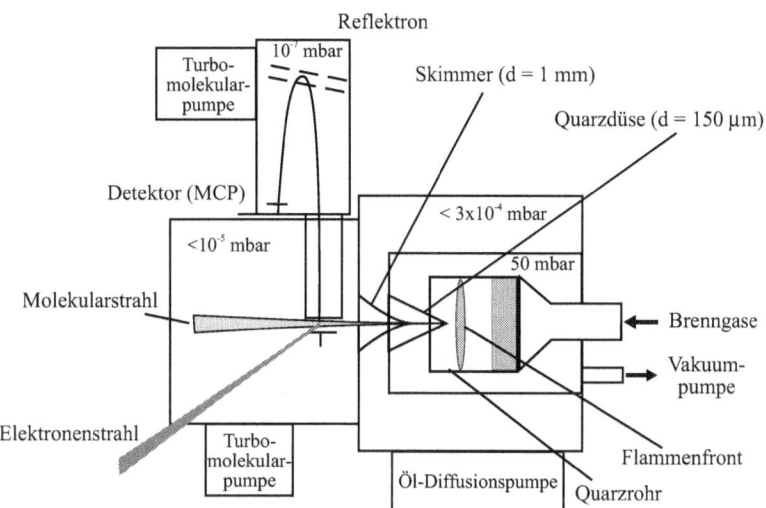

Abbildung 15: *Schematische Darstellung der Probennahme und Detektion im Molekularstrahlexperiment.*[27]

Probenkammer und der Ionisationskammer muß der Druck in zwei Stufen reduziert werden.
Im ersten Schritt wird der Molekularstrahl mit einer Quarzdüse ausgeblendet. Die Düse besteht aus einem Quarzhohlkegel mit einem Kegelwinkel von 45° und einer runden Öffnung an der Spitze mit einem Durchmesser von ≈ 150 µm. Diese Konfiguration gewährleistet neben der guten Ausbildung des Molekularstrahls, eine geringe Störung der Flamme und reduziert Oberflächeneffekte der Düse.[21]
Die Kammer hinter der Düse wird mit einer Öldiffusionspumpe (Varian, Y094, 3000 l/s) auf einen Druck $< 3 * 10^{-4}$ mbar evakuiert, so daß die mittlere freie Weglänge größer ist als der Abstand von 19 mm zwischen Düse und Kupferskimmer. Durch den Skimmer mit einer Wanddicke von 100 µm und

einem Lochdurchmesser von 1 mm gelangt ein Teil des entstandenen Molekularstrahls in die Ionisationskammer, die mit einer Turbomolekularpumpe (Balzers, TMH 260, 230 l/s) auf einen Druck $< 10^{-5}$ mbar evakuiert wird. Das Flugzeitmassenspektrometer, mit dem der Molekularstrahl analysiert wird, besteht aus einer Elektronenquelle für die Elektronenstoßionisation, einer Abstoßelektrode, die die Ionen beschleunigt und einem zweistufigen Reflektron, mit dem die Ionen nach einer feldfreien Flugstrecke auf den Detektor (**multi channel plate, MCP**) gelenkt werden. In diesem Bereich der Apparatur wird der Druck mit einer weiteren Turbomolekularpumpe auf Werte $< 10^{-7}$ mbar reduziert.

Um Fragmentationsprodukte zu minimieren, wird die Elektronenstoßionisation mit niedrigen Ionisationsenergien von $15 \pm 0,3$ eV durchgeführt. Fragmentationsprodukte spielen nur für Hauptkomponenten eine Rolle, da in diesem Fall auch eine geringe Bildung von Fragmentionen zu einem nachweisbaren Signal des Fragmentationsproduktes führt. Wenn nötig werden Fragmentationsverhältnisse über Kaltgaskalibrierung bestimmt und in der Auswertung berücksichtigt. Die Ionisation wird im feldfreien Raum durchgeführt, da eine unabhängige Pulsung des ionisierenden Elektronenstrahls und der Ionenextraktion (Anstiegszeit ca. 10 ns) möglich ist.

Die Spektren werden mit einer Repetitionsrate von $8-14$ kHz aufgenommen und über $2*10^5$ bis $1*10^6$ Einzelmessungen aufsummiert. Spektren in Flammen werden immer über $1*10^6$ Einzelpulse aufgenommen. Für Kalibriermessungen im Kaltgasgemisch ist aufgrund der höheren Konzentration der Spezies in der Gasphase auch die Summe über weniger Einzelmessungen ausreichend.

Die Intensität der Signale ist unter anderem eine Funktion des Düsendurchmessers, der geringfügig durch die Erwärmung in der Flamme verändert wird. Dadurch entstehende Signalschwankungen können durch eine Normierung auf das Argonsignal kompensiert werden.[27] Das Verhältnis der Signalintensität I_i der Substanz i zur Signalintensität I_{Ar} von Argon wird als relative Zählrate bezeichnet. Im Verlauf der Reaktion nimmt die Argonkonzentration von 48% auf $\approx$40% ab. Für die Berechnung der relativen Zählrate wird als Argonkonzentration der Mittelwert aus der eingesetzten Anfangskonzentration und einer berechneten Endkonzentration angenommen. Die Endkonzentration wird für die jeweilige Stöchiometrie über adiabatische Gleichgewichtsberechnungen bestimmt.[63,83] Mit statistischen Schwankungen erhält man für die relativen Konzentrationsverläufe einen Fehler von ±9%.

3.4 Molekularstrahl-Massenspektrometrie (MBMS)

Um die absolute Konzentration einer Spezies zu bestimmen, werden die Signalintensitäten relativ zu Argon kalibriert. Der Molenbruch x_i der Substanz i ist proportional zur relativen Zählrate I_i/I_{Ar} und dem Molenbruch x_{Ar}.

$$x_i = c_f \cdot x_{Ar} \cdot \frac{I_i}{I_{Ar}} \tag{13}$$

Für stabile Spezies werden die Signalintensitäten von Gasgemischen bekannter Zusammensetzung gemessen und der Kalibrationsfaktor c_f über Gleichung 13 bestimmt. Die relativen Zählraten von H_2 werden im Abgas ($h = 23$ mm) mit RAMAN-Spektroskopie kalibriert.

Kalibrationsfaktoren instabiler Spezies werden in Anlehnung an ein Verfahren von BIORDI[21] abgeschätzt. Das Prinzip dieses Verfahrens beruht darauf, daß verschiedene Moleküle bei ähnlicher Struktur und ähnlicher Differenz zwischen Ionisationspotential und Ionisationsenergie vergleichbare Ionisationsquerschnitte aufweisen. Zusätzlich muß berücksichtigt werden, daß die Sensitivität des verwendeten Detektionssystems eine Funktion der Molekularmasse des detektierten Ions ist.

Für die Kalibrierung der Zwischenspezies werden verschiedene stabile Kohlenwasserstoffe mit einer Masse zwischen 16 und 86 amu im Kaltgas kalibriert. Diese Kalibrationsfaktoren werden gegen die Differenz zwischen Ionisationspotential und Ionisationsenergie aufgetragen. Durch den Vergleich der Molekülstruktur und der Differenz zwischen Ionisationspotential und Ionisationsenergie können hieraus die Kalibrationsfaktoren von Intermediaten mit Fehlern von einem Faktor 3 abgeschätzt werden.

Um Langzeitveränderung der Kalibrationsfaktoren zu berücksichtigen, wird an jedem Meßtag in vier verschiedenen Höhen über der Brenneroberfläche die Acetylenflamme bei $R = 1,4$ gemessen. Durch Normierung auf diese Standardbedingungen werden die aktuellen Kalibrationsfaktoren berechnet.

Die Kalibrationsfaktoren quantitativ ausgewerteter Spezies für Messungen in den Flammen mit $R = 1,3$ und $1,4$ werden im Anhang (Tab. A1 und A2, S. 99 f.) gemeinsam mit der jeweiligen Kalibrationsmethode und den Fehlern für die absolute Konzentration aufgelistet.

3.5 Gasphasensimulation

Die experimentellen Ergebnisse beschreiben die Gasphasenbedingungen brennstoffreicher Flammen in einem weiten Stöchiometriebereich. Aus diesem Grund eignen sie sich dazu, Mechanismen durch Vergleich der Simulation mit dem Experiment zu prüfen.
Hierfür stand der Mechanismus von MILLER und MELIUS[112] zur Verfügung, in dem neben vielen Reaktionen von C_1- bis C_5-Spezies die Bildung von C_6H_2, Benzol und Phenylacetylen berücksichtigt wird. Der Mechanismus beinhaltet insgesamt 546 Reaktionen, an denen Argon sowie 87 weitere Spezies beteiligt sind. 25 Spezies dieses Mechanismus enthalten Stickstoff, so daß nur 62 der Spezies für die hier durchgeführten Rechnungen berücksichtigt werden.
Die Simulationen werden mit dem Programm-Paket CHEMKIN II[84,85] durchgeführt. In Abhängigkeit vom verwendeten Mechanismus müssen die Datenbanken[82,83] des Programms durch zusätzliche Dateien ergänzt werden. Die entsprechenden Dateien von MILLER und MELIUS werden um die thermodynamischen Daten von drei C_5-Spezies[136,140] und die Transportdaten von insgesamt 14 Spezies erweitert. Die fehlenden Werte werden durch die Daten ähnlicher Spezies eingefügt und sind im Anhang in Tabelle A5 und A4 angegeben.
Für eine Abschätzung der Auswirkungen dieser Transportdaten werden sie für alle Spezies um $\approx 30\%$ herabgesetzt und eine Simulation für $R = 1,4$ durchgeführt. Die Veränderung der Eingabedaten hat für keine Spezies eine Auswirkung auf die Form des Konzentrationsprofils. Für die zu diskutierenden Moleküle wird eine Änderung der Maximalkonzentration über 2% nur für CH_4 und C_3H_4 beobachtet. Mit einer Änderung von 5 bzw. 9% liegt sie jedoch auch deutlich unter dem Fehler, der für die Berechnung dieser Spezies anzunehmen ist.
Es werden brennerstabilisierte Flammen unter Vorgabe eines Temperaturprofils simuliert. In allen Fällen handelt es sich um Acetylen-Sauerstoff-Argon-Flammen mit einem Argon-Anteil von 48%, einem Druck von 50 mbar und einer Kaltgasgeschwindigkeit von 86 cm/s. Die Stöchiometrie wird in einem Bereich von $R = 0,6 - 1,8$ variiert.

4 Ergebnisse und Diskussion

Im Rahmen dieser Arbeit wird mit dem Niederdruck-Flammen-CVD-Verfahren Diamant synthetisiert und die Schichtqualitäten sowie die Gasphase untersucht. Ziel ist es, die Gasphase zu charakterisieren und durch den Vergleich mit den Abscheidungsergebnissen Informationen über relevante Wachstumsparameter zu erhalten.
Die Qualität der abgeschiedenen Schichten wird mit RAMAN-Spektroskopie und SEM-Aufnahmen bestimmt und die Gasphase mit laserinduzierter Fluoreszenz (LIF) und Molekularstrahl-Massenspektrometrie (MBMS) untersucht. Mit LIF werden die Gasphasentemperatur sowie die H- und OH-Radikalkonzentrationen als relevante Größen der Verbrennung von Kohlenwasserstoffen ermittelt.
Diese Messungen werden zur Beschreibung der Gasphase durch MBMS ergänzt. Im Gegensatz zur LIF wird die Gasphase durch diese Methode zwar geringfügig gestört, man erhält jedoch einen detaillierten Überblick über vorhandene Gasphasenspezies, von denen viele einer laserdiagnostischen Untersuchung nur schwer zugänglich sind.
Im ersten Teil des Kapitels werden die Ergebnisse der Abscheidungsexperimente beschrieben. Dies umfaßt zum einen die Bestimmung der Abscheidungsbedingungen, die gasphasendiagnostisch charakterisiert werden sollen. Darüber hinaus werden die Ergebnisse mit einer erweiterten Beschichtungsapparatur beschrieben, die eine bessere Steuerung der Beschichtungsparameter ermöglicht.
Im zweiten Teil des Kapitels wird die Gasphasendiagnostik dargestellt. Die Temperatur und die Konzentrationen der Gasphasenspezies werden unter Abscheidungsbedingungen bestimmt und ihre Veränderungen in Abhängigkeit von der Anwesenheit des Substrates und der Stöchiometrie untersucht.
Im dritten Teil werden die experimentellen Ergebnisse mit Simulationen der Flammenbedingungen verglichen. Neben einer ausführlichen Untersuchung der Beschreibung der Gasphasenzusammensetzung für $R = 1, 4$ wird geprüft, inwiefern Simulationen die Gasphase über einen großen Stöchiometriebereich beschreiben können.

4.1 Diamantabscheidung

Die Beschichtungsexperimente teilen sich in zwei Bereiche. Zum einen werden mit einer Apparatur, die der Gasphasendiagnostik zugänglich ist, Abscheidungsbedingungen bestimmt. Im zweiten Teil werden mit einem erweitertem Aufbau Beschichtungen durchgeführt. Er ermöglicht eine weitere Optimierung der Abscheidungsergebnisse, ist bisher jedoch nicht für die Gasphasendiagnostik verwendbar.

4.1.1 Bestimmung der Abscheidungsbedingungen

Um geeignete Abscheidungsbedingungen zu bestimmen, werden Beschichtungsexperimente unter Variation der Stöchiometrie und des Brenner-Substrat-Abstandes h_{sub} durchgeführt. Der untersuchte Stöchiometriebereich erstreckt sich von $R = 1,1 - 1,5$ und Substrathöhen von $h_{sub} = 7 - 13$ mm. In diesem Parameterfeld konnte für $R = 1,3$ und $1,4$ bei $h_{sub} = 8$, 9 und 10 mm Diamantabscheidung über RAMAN-Spektroskopie nachgewiesen werden. Die Substrattemperaturen liegen in diesen Fällen zwischen 1140 und 1170 K. Für $R = 1,4$ belegen geringere Intensitäten der Disorder-Banden eine bessere Schichtqualität.
Abbildung 16 zeigt beispielhaft SEM-Aufnahmen und Ramanspektren von drei Diamantschichten, die bei $R = 1,4$ und $h_{sub} = 9$ mm abgeschieden werden. Für Probe **a** und **b** beträgt die Beschichtungsdauer 6 h, Probe **c** wird dagegen innerhalb eines Zeitraumes von 33 Stunden abgeschieden. Im Gegensatz zu Probe **b** und **c** wird das Substrat der Probe **a** vor der Beschichtung nicht mit Diamantpulver poliert.
Alle drei Schichten können über einen gut ausgeprägten Diamantpeak bei 1332 cm^{-1} eindeutig als Diamant identifiziert werden (vgl. Abb. 16d). Zusätzlich weisen die Ramanspektren in verschiedener Intensität DLC- und GLC-Banden auf. Berücksichtigt man, daß der Streuquerschnitt von sp^2-gebundenem Kohlenstoff um den Faktor 50 größer ist als der von sp^3-gebundenem, so belegen diese Spektren die geringe Verunreinigung der Schichten. Das Verhältnis der Fläche des Diamantpeaks zur Fläche der GLC-Bande ist in guter Übereinstimmung mit Ergebnissen anderer Gruppen.[129,154]
Der Vergleich der Proben zeigt zwei Effekte, die Rückschlüsse auf den Beginn der Wachstumsphase zulassen.

4.1 Diamantabscheidung

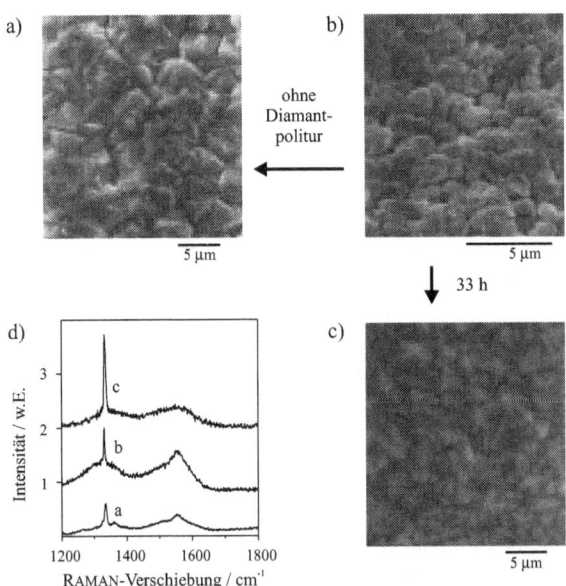

Abbildung 16: SEM-Aufnahmen (a-c) und RAMAN-spektren (d) von Diamantschichten, die bei $R = 1,4$ und $h_{sub} = 9$ mm abgeschieden werden.
Vorbehandlung und Abscheidungzeiten:
a) Schleifen mit Al_2O_3, 6h
b) Schleifen mit Al_2O_3 und Polieren mit Diamantpulver (2-3μm), 6h
c) Schleifen mit Al_2O_3 und Polieren mit Diamantpulver (2-3μm), 33h

- Ohne Diamantpolitur des Substrates werden in kürzerer Zeit deutlich facettierte Schichten nachgewiesen.

- Für Abscheidungen auf polierten Substraten steigt die Qualität der abgeschiedenen Filme mit der Beschichtungsdauer.

Diese Ergebnisse lassen sich durch den Vergleich mit Beobachtungen im Atmosphärendruck-Flammen-CVD-Verfahren[10,17] erklären. Unter Atmosphärendruckbedingungen bewirkt die Diamantpolitur des Substrates eine höhere Nukleationsdichte und eine schnellere Filmbildung. Für kurze Beschichtungs-

zeiten ist nach einer Vorbehandlung der Substrate mit Diamantpulver der graphitische Anteil in den Schichten höher als ohne Diamantpolitur. Nach längerer Beschichtungszeit erhält man unabhängig von der Vorbehandlung Schichten sehr guter Qualität.
Es wird angenommen, daß die Politur mit Diamantpulver die Bildung einer Carbidschicht bedingt, aus der nach dem Modell von LUX und HAUBNER[108] Diamantkeime gebildet werden.[10] Wie in Abbildung 16 zu erkennen ist, kann diese Tendenz auch im Niederdruckverfahren beobachtet werden.
Die Wachstumsrate für $R = 1,4$ bei $h_{sub} = 9$ mm wird durch die Filmdicke der Probe c nach 33 h Beschichtungsdauer bestimmt. Man erhält aus Schichtdicken von (12 ± 4) μm eine mittlere Wachstumsrate von $(0, 4 \pm 0, 1)$ μm/h. Simulationen des Diamantwachstums, die von RUF unter Beteiligung von Gasphasen- und Oberflächenreaktionen durchgeführt wurden, stimmen mit einer berechneten Wachstumsrate von 0,5 μm/h[124] unter diesen Abscheidungsbedingungen sehr gut mit dem Experiment überein.
Ähnliche Wachstumsraten werden experimentell von GOODWIN et al. unter vergleichbaren Drücken und Kaltgasgeschwindigkeiten ermittelt. Höhere Wachstumsraten von 4 μm/h und 5,5 μm/h werden im Niederdruckverfahren von KIM et al.[89] bzw. WOLDEN et al.[154] durch höhere Kaltgasgeschwindigkeiten erreicht. Auffällig ist, daß in diesen Experimenten Diamantabscheidung unter brennstoffreicheren Bedingungen ($R \approx 1$) als in dieser Arbeit beobachtet wird. Diese Tendenz wird ebenfalls durch Simulationen von RUF[124] bestätigt. Mit der vorgestellten Apparatur kann dies jedoch nicht geprüft werden, da höhere Kaltgasgeschwindigkeiten das Substrat zu stark erwärmen und keine Diamantabscheidung beobachtet werden kann.

4.1.2 Optimierung der Abscheidungsergebnisse

Die Molybdänklammer als einfache Substrathalterung bietet zum einen den Vorteil, daß sie problemlos in die Vakuumkammern für die Gasphasendiagnostik einzubauen ist. Zum anderen ist für die LIF-Experimente ihre geringe Größe vorteilhaft, weil der Laserstrahl leichter auf Meßpunkte in geringen Abständen zur Substratoberfläche fokussiert werden kann. Aufgrund der geringen Größe erhält man jedoch keine perfekte Staupunktsströmung, die in der Regel für Simulationen der Abscheidungsprozesse angenommen wird. Außerdem zeigen die abgeschiedenen Diamantfilme Inhomogenitäten, die auf Abweichungen von

4.1 Diamantabscheidung

der Staupunktströmung zurückzuführen sind.
Um höhere Wachstumsgeschwindigkeiten zu erreichen, müssen Flammen mit höherer Kaltgasgeschwindigkeit verwendet werden. Wie oben erwähnt führt dies jedoch zu einer zu hohen Temperatur des Substrates, die bei Verwendung der Molybdänklammer als Substrathalterung nicht getrennt von den Flammenbedingungen eingestellt werden kann.
Deshalb wird die in Kapitel 3.1 (vgl. S. 46f.) beschriebene Substrathalterung entwickelt, die durch folgende Merkmale die Beschichtungsergebnisse verbessern soll:

- Das Substrat ist in eine Molybdänplatte mit einem Durchmesser von 80 mm eingepasst, so daß bis zu einer Entfernung von 14 mm eine Staupunktströmung gegeben ist.[110]

- Das Substrat und die Molybdänplatte werden über eine aktive Temperaturregelung unabhängig von den Flammenbedingungen auf einer konstanten Temperatur gehalten.

Mit dieser Apparatur konnten erste Beschichtungen durchgeführt werden. Ziel war es zu überprüfen, in welchem Rahmen eine unabhängige Steuerung der Parameter möglich ist und ob die veränderte Geometrie zu homogenen Filmen führt. Mit gleichen Kaltgasgeschwindigkeiten wie bei den vorherigen Experimenten wird die Stöchiometrie zwischen $R = 1,3$ und $1,4$ und h_{sub} zwischen 8 und 13 mm bei einer konstanten Substrattemperatur von $T_{sub} = 1070$ K variiert.
Diamant konnte durch SEM und RAMAN-Spektroskopie für Beschichtung in einer Flamme mit $R = 1,36$ und $h_{sub} = 12$ mm nachgewiesen werden. Abbildung 17a zeigt Ramanspektren von 4 verschiedenen Punkten der Probenoberfläche. Anhand hoher Intensitäten der Diamantpeaks und geringen Ausprägungen der Disorder-Banden ist die gute Qualität dieser Schicht zu erkennen.
Der Vergleich der Ramanspektren dieser Probe belegt die große Homogenität der Diamantfilme, die bei dieser Substratkonfiguration entsteht. Diese Beobachtung wird durch SEM bestätigt. Die in Abbildung 17b dargestellte Schichtqualität kann über die ganze Probenfläche nachgewiesen werden.
SEM-Aufnahmen der Schichten zeigen eine klare Facettierung, wobei keine Bevorzugung von (100)- oder (111)-Flächen zu beobachten ist.

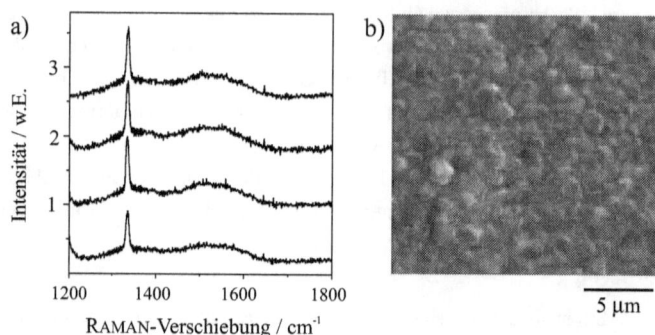

Abbildung 17: *Charakterisierung der unter Staupunktströmung bei $R = 1,36$ und $h_{sub} = 12$ mm abgeschiedenen Diamantschichten*
a) Ramanspektren von 4 verschiedenen Punkten der Probe
b) SEM-Aufnahme

Bei gleicher Stöchiometrie und Substratabständen von 11 und 13 mm weisen die Ramanspektren nur noch Disorder-Banden geringer Intensität auf. Die RAMAN-Spektren von Substratoberflächen, die bei $R = 1,3$ und $1,4$ beschichtet wurden, weisen weder Diamant- noch Disorder-Banden auf.

Die Ergebnisse der Beschichtungsexperimente lassen sich folgendermaßen zusammenfassen:

- Mit der Molybdänklammer als Substrathalterung können Abscheidungsbedingungen für die Gasphasendiagnostik bestimmt werden. Diamantabscheidung wird für $R = 1,3$ und $1,4$ bei Substrathöhen von 8, 9 und 10 mm nachgewiesen. Die Wachstumsrate für $R = 1,4$ und $h_{sub} = 9$ m liegt bei $(0,4 \pm 0,1)$ mm.
  Mit dieser Apparatur hergestellte Schichten weisen jedoch noch Inhomogenitäten auf, die auf die Strömungsverhältnisse in der Flamme zurückzuführen sind.

- Der Vergleich der hergestellten Schichten mit Ergebnissen aus Atmosphärendruck-Flammen weist darauf hin, daß der Nukleationsprozeß nach LUX und HAUBNER über die Bildung einer Carbidschicht erfolgt.

- Mit einer erweiterten Substrathalterung, die eine Staupunktströmung realisiert und eine aktive Steuerung der Substrattemperatur ermöglicht, kann bei $R = 1,36$ und $h_{sub} = 12$ mm das Wachstum homogener Diamantfilme nachgewiesen werden.

- Mit der erweiterten Substrathalterung können Beschichtungen in Flammen mit höherer Kaltgasgeschwindigkeit durchgeführt werden. Es ist zu erwarten, daß in diesem Fall die Wachstumsrate verbessert werden kann. Zukünftige Experimente müssen zeigen, inwiefern diese Vermutung bestätigt werden kann.

4.2 Gasphasendiagnostik

Ziel der Gasphasendiagnostik ist es, durch Korrelation der Gasphasenbedingungen mit den Abscheidungsergebnissen Erkenntnisse über die Chemie des Flammen-CVD-Prozesses zu gewinnen.
Hierfür wurden im Rahmen der Beschichtungsexperimente Abscheidungsbedingungen bestimmt, unter denen die Gasphase im folgenden Teil dieser Arbeit charakterisiert wird. Ergänzende Messungen ohne Substrat und in Abhängigkeit von der Stöchiometrie sollen Aufschluß darüber liefern, welchen Einfluß das Substrat auf die Gasphase hat und warum das Diamantwachstum auf einen schmalen Stöchiometriebereich begrenzt ist.
Mit LIF wird die Gasphasentemperatur und die Konzentrationen der OH- und H-Radikale bestimmt. Ergänzend geben massenspektrometrische Messungen einen Überblick über das vorhandene Speziesangebot, insbesondere von Kohlenwasserstoffen.

4.2.1 Temperatur

Die Gasphasentemperatur, die über ihren Einfluß auf Reaktionsgeschwindigkeiten und Teilchendichte eine der wichtigsten Größen bei Verbrennungsprozessen ist, kann mit verschiedenen Lasermethoden in situ bestimmt werden.[46,93] Wie schon in Kapitel 2.3.2 (vgl. S. 31) dargestellt, ist die Bestimmung der Temperatur durch LIF am OH-Radikal im untersuchten System besonders geeignet.

Hierfür wird das OH-Radikal in der A-X (1,0) Bande angeregt und die Breitbandfluoreszenz der (0,0)- und (1,1)-Bande detektiert. Aus diesen Anregungsspektren erhält man die Besetzung der Rotationsniveaus im Grundzustand, aus der sich über die BOLTZMANN-Verteilung die Temperatur bestimmen läßt.

Zur Berücksichtigung der Quantenzustandsabhängigkeit der Fluoreszenzquantenausbeute wird die effektive Lebensdauer der $P_1(1)$, $Q_1(5)$ und $R_1(12)$-Anregung[1] gemessen. An einem Meßpunkt unterscheiden sich die Le-

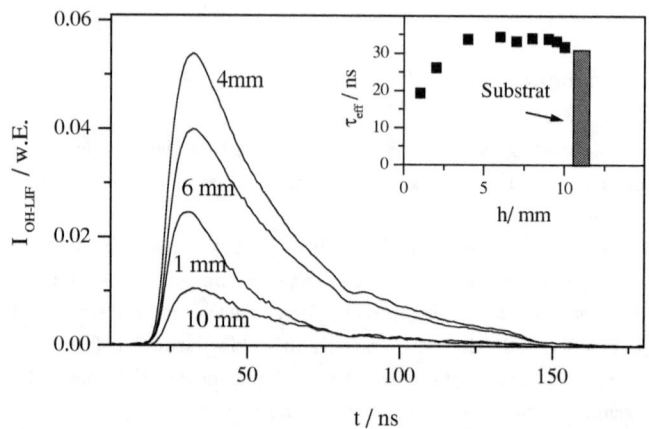

Abbildung 18: *Zeitlich aufgelöste Breitbandfluoreszenzsignale und daraus berechnete Fluoreszenzlebensdauern in der Flamme mit Substrat. (Anregung der $Q_1(5)$-Linie)*

bensdauern verschiedener Rotationszustände maximal um 15%. Für größere Abstände des Meßpunktes von der Brenneroberfläche wird bei konstanter Rotationsquantenzahl eine deutliche Erhöhung der Fluoreszenzlebensdauer beobachtet (vgl. Abb. 18). Die gemessenen Lebensdauern liegen zwischen 19 und 35 ns. Diese Werte stimmen mit Lebensdauern überein, die für die gemessenen Flammenbedingungen über Geschwindigkeitskoeffizienten der Depopulation von PAUL[118,119] und KOHSE-HÖINGHAUS[95] abgeschätzt werden.

---

[1] Nomenklatur nach DIEKE und CROSSWHITE[43]

4.2 Gasphasendiagnostik

Zur Berechnung der Fluoreszenzquantenausbeute aus den effektiven Lebensdauern wird ein Einstein-A-Koeffizient von $0,987*10^6$ s^{-1}[67] angenommen. Die Zustandsabhängigkeit der spontanen Emission kann aufgrund ihrer geringen Quantenzahlabhängigkeit[86] vernachlässigt werden.
Die Veränderungen der Fluoreszenzquantenausbeute werden über eine an die experimentellen Werte angepaßte Funktion im LIF-Programm berücksichtigt. Auf diese Art erhält man Gasphasentemperaturen mit Fehlern zwischen 5 und 7%. Ohne Berücksichtigung der Fluoreszenzquantenausbeute erhält man systematisch um 100 - 200 K geringere Temperaturen.
Abbildung 19 zeigt die Temperaturprofile für $R = 1,4$ mit und ohne Substrat. In der ungestörten Flamme steigt die Gasphasentemperatur innerhalb der

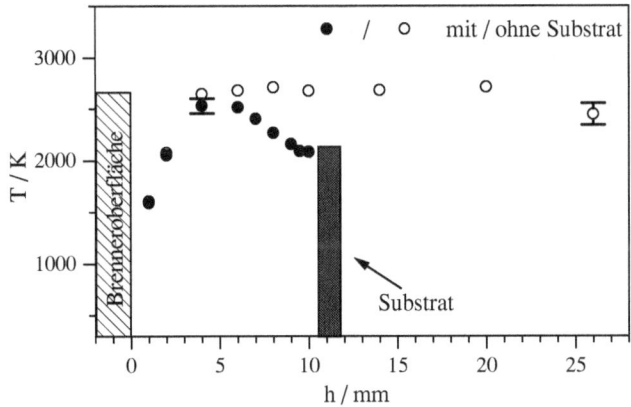

Abbildung 19: *Temperaturprofil in einer Acetylen-Sauerstoff-Flamme mit $R = 1,4$ und $h_{sub} = (10,65 \pm 0,10)$ mm für den Fall mit Substrat*

ersten vier Millimeter steil auf 2650 K und ist für größere Höhen nahezu konstant mit einem Maximum bei 2700 K. Damit liegt sie nur geringfügig unter der adiabatischen Flammentemperatur von 2830 K[63,83].
In der entsprechenden Flamme mit Substrat ist das Temperaturprofil bis zu einer Höhe von 4 mm dem Verlauf ohne Substrat sehr ähnlich. Nach der maximalen Temperatur von 2530 K in dieser Höhe nimmt die Temperatur bis $h = 10$ mm um 450 K ab. Der Abfall auf die Substrattemperatur von

1150 K entspricht einem Temperaturgradienten von (1500 ± 400) K/mm. Mit einem ähnlich starken Gradienten abfallende Temperaturen werden unter Abscheidungsbedingungen schon von Lucht et al.[18] und Jeffries et al.[28] in einer Atmosphärendruckflamme bzw. einem Gleichstromentladungs-Reaktor beobachtet.

Dieses Verhalten läßt vermuten, daß eine Veränderung der Substrattemperatur um $\pm$ 200 K erst in direkter Nähe der Substratoberfläche Auswirkungen auf die Gasphasentemperatur hätte. Der Einfluß der Substrattemperatur auf das Diamantwachstum ist damit vermutlich in der Hauptsache auf Veränderungen der Oberflächenreaktionen zurückzuführen.

In Ergänzung zu den vergleichenden Temperaturprofilen mit und ohne Substrat wird in 2,6 mm Entfernung vom Substrat die Stöchiometrieabhängigkeit der Gasphasentemperatur untersucht. Wie in Abbildung 20 dargestellt, ist in dem untersuchten Stöchiometriebereich von $R = 1,1$ bis $R = 1,8$ nur eine geringe Veränderung von weniger als 210 K mit einem leichten Maximum bei 2400 K für $R = 1,6$ zu beobachten.
Ein ähnliches Verhalten wird für die adiabatischen Flammentemperaturen

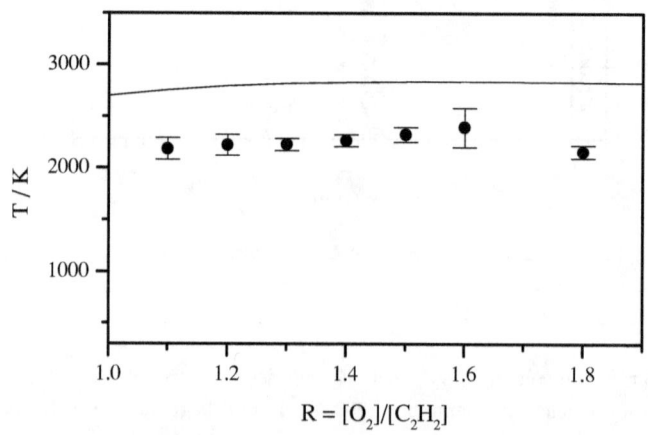

Abbildung 20: *Stöchiometrieabhängigkeit der gemessen (•) und adiabatischen Gasphasentemperatur (—)*

berechnet. Die Veränderung der adiabatischen Temperatur ist mit weniger

4.2 Gasphasendiagnostik

als 100 K noch geringer und das Maximum, das ebenfalls bei $R = 1,6$ beobachtet wird, ist somit deutlich flacher. Die geringe Abhängigkeit der Gasphasentemperatur von der Stöchiometrie ist also auf die wenig veränderte Energiebilanz und nicht auf die nahezu konstante Substrattemperatur (± 30 K) zurückzuführen.

4.2.2 OH-Konzentrationen

Das OH-Radikal ist eine wichtige Zwischenspezies bei der Oxidation von Kohlenwasserstoffen und ist in vielen Flammen in hohen Konzentrationen nachweisbar.[93] Unter Abscheidungsbedingungen wird neben der Bedeutung für die Gasphase eine Oberflächenaktivität des OH-Radikals postuliert. Der Molenbruch der OH-Radikale wird über die Intensität der $Q_1(5)$-Linie des Anregungsspektrums bestimmt. Für die quantitative Auswertung des Breitbandsignals wird die Fluoreszenzlebensdauer und die Detektionseffizienz für jeden Meßpunkt benötigt. Letztere wird über RAMAN-Streuung an N_2, O_2 und CH_4 entsprechend der Arbeiten von KOHSE-HÖINGHAUS et al.[94] und LUQUE et al.[106] ermittelt.
Mit diesem Verfahren erhält man einen absoluten Fehler für die OH-Radikalkonzentrationen von 70%. Der größte Anteil des Fehlers ist hierbei auf die Bestimmung der Detektionseffizienz über das RAMAN-Signal zurückzuführen, da mit verschiedenen Kalibriergasen leicht unterschiedliche Ergebnissen erhalten werden. Die relativen Fehler der Molenbrüche zueinander liegen bei 10%. Der Konzentrationsverlauf mit und ohne Substrat in einer Flamme mit $R = 1,4$ wird in Abbildung 21 wiedergegeben, in der exemplarisch für zwei Höhen der absolute ($h = 2$ mm) und relative ($h = 4$ mm) Fehler dargestellt ist.
Obwohl die Konzentrationsmaxima in beiden Fällen bei $h = 4$ mm liegen, ist der Verlauf und die Höhe der Profile unterschiedlich. In Anwesenheit des Substrates sinkt der maximale Molenbruch von 0,016 um 30% auf 0,011. Darüber hinaus weist das Konzentrationsprofil der OH-Radikale im Fall mit Substrat einen steileren negativen Gradienten hinter dem Maximum auf. In einem Abstand von 2,6 mm vom Substrat ist die OH-Konzentration ohne Substrat auf ungefähr 65% des Maximalwertes gesunken. Bei Anwesenheit eines Substrates ist der Molenbruch der OH-Radikale an dieser Stelle schon auf 35% der maximalen Konzentration abgefallen. Der Einfluß des

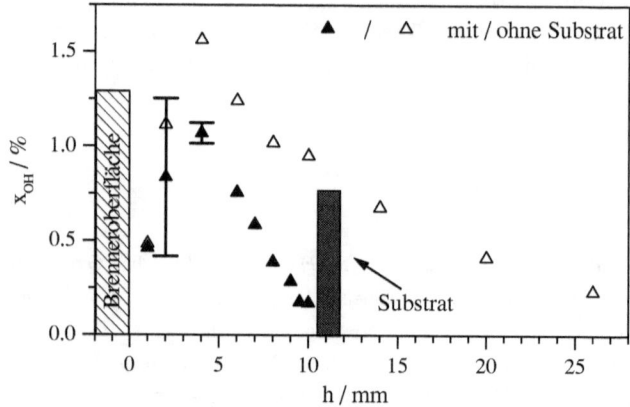

Abbildung 21: *Höhenprofil der OH-Konzentration mit und ohne Substrat, $R = 1,4$, $h_{sub} = (10,65 \pm 0,10)$ mm*

Substrates auf die OH-Konzentration ist also deutlich stärker als auf die Gasphasentemperatur.

In diesem Abstand zum Substrat wurde ebenfalls der stöchiometrieabhängige Verlauf der OH-Konzentration untersucht (vgl. Abb. 22). Innerhalb des untersuchten Stöchiometriebereiches steigt die Konzentration der OH-Radikale um mehr als den Faktor 3,5.
In der Gasphase führt eine Erhöhung der OH-Konzentration zu einem verstärkten Abbau von Keten, welches nach LINDSTEDT und SKEVIS[101] durch Reaktion mit H-Atomen der wichtigste Methylradikallieferant ist (vgl. Abb. 2.1.3, S. 13). In mageren Flammen hat der Angriff des OH-Radikals einen Anteil von 70% an dem Verbrauch von Keten.[101] Mit der Oberfläche reagiert das OH-Radikal z.B. unter Kohlenstoffabbau zu oxidierten Kohlenwasserstoffen.[125]
In Zusammenhang mit dem unter diesen Bedingungen nur für $R \leq 1,4$ beobachtbaren Diamantwachstum scheint die Abscheidung im brennstoffarmen Bereich durch zu hohe OH-Radikalkonzentrationen begrenzt zu sein, da OH-Radikale zum einen zu einer Verringerung der Vorläufersubstanzen und zum anderen zu Ätzprozessen auf der Diamantoberfläche führen.

4.2 Gasphasendiagnostik

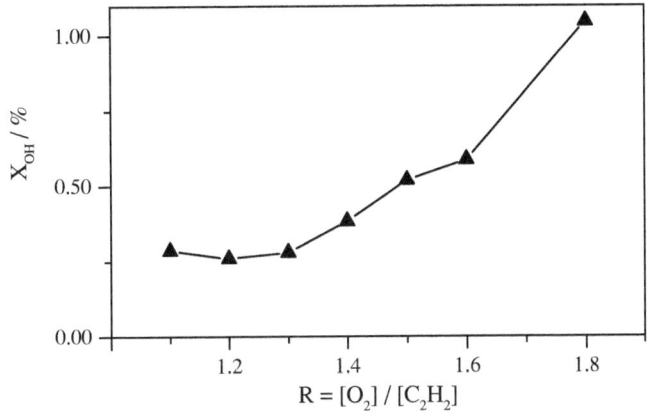

Abbildung 22: *Stöchiometrieabhängigkeit der OH-Radikalkonzentration*

4.2.3 H-Atom-Fluoreszenz

Die Konzentrationsbestimmung von *H*-Atomen ist aufgrund ihrer Beteiligung an zahlreichen Gasphasenreaktionen und elementaren Oberflächenprozessen des Diamantwachstums von außerordentlichem Interesse für die Aufklärung der Abscheidungsvorgänge.

In brennstoffreichen Kohlenwasserstoff-Flammen ist der Nachweis jedoch durch einige Umstände erschwert. Ursache ist neben dem starken Eigenleuchten der Flamme starke Absorption von UV-Strahlung, die mit kürzerer Wellenlänge zunimmt und von breitbandiger Fluoreszenz begleitet ist. Aus diesem Grund wird der Nachweis über 3-Photonenanregung mit Licht der Wellenlänge 292 nm durchgeführt (vgl. Abb. 11, S. 33), dessen Absorption 2 mm über der Brenneroberfläche für den einfachen Flammendurchgang unter 1,5% liegt.

Im Vergleich zu 1- und 2-Photonen-Prozessen werden für diese Anregung höhere Energiedichten benötigt, die zu photolytischer Erzeugung von *H*-Atomen führen können. Deshalb werden zuerst Messungen in einer Wasserstoff-Sauerstoff-Argon-Flamme durchgeführt. Die Ergebnisse werden mit Daten von BITTNER et al.[23] verglichen, die in dieser Flamme mit 2-Photonenanregung bei 205 nm und anschließendem Nachweis der Fluoreszenz bei 656 nm erhalten wurden. Die gute Übereinstimmung des relativen H-Atom-Profils mit gemessenen H-Atom-Dichten von Bittner ist in Abbildung 23 klar zu erkennen. Die zusätzliche Übereinstimmung mit relativen Verläufen aus massenspektrometrischen Messungen unterstützen die Schlußfolgerung, daß die Ergebnisse nicht durch methodisch bedingte Erzeugung der H-Atome verändert sind.

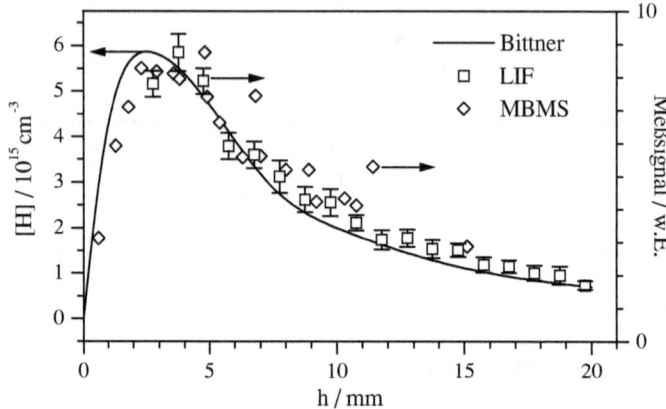

Abbildung 23: *Vergleich verschiedener Methoden zum H-Atom-Nachweis in einer H_2/O_2/Ar-Flamme, $\phi = 0,6$, $p = 95$ mbar, $v = 56$ cm/s, 63% Argon*

Für die Messungen in der Acetylen-Sauerstoff-Argon-Flamme wird die Abhängigkeit der Fluoreszenzintensität von der Intensität der Anregungsstrahlung für $R = 1,4$ in 15 mm Abstand zur Brenneroberfläche überprüft. Für einen Energiebereich von $2 - 6$ mJ/Puls wird ein exponentieller Faktor von $2,50 \pm 0,02$ für die Energieabhängigkeit gemessen. Die Differenz zum theoretisch zu erwartenden Wert von 3 kann durch mangelnde Dynamik des Experimentes bedingt sein. Andere Erklärungen wären Sättigungseffekte, auf die Anregung folgende Ionisation der H-Atome oder die Kombination von beidem.[1,93] Ein signifikanter Einfluß dieser Effekte auf den relativen Verlauf des H-Atom-Profils hätte jedoch schon in der Wasserstoff-Sauerstoff-Argon-Flamme bemerkt werden müssen.
Die Detektion des Fluoreszenzsignals in der Acetylen-Sauerstoff-Argon-Flamme

4.2 Gasphasendiagnostik

wird von einem starken Abfall des Signal/Rausch-Verhältnis und der Interferenz mit einem breitbandigen laserinduziertem Hintergrundsignal begleitet. Deshalb wird an jedem Meßpunkt ein über ≈ 2000 Einzelpulse gemitteltes Signal auf (resonant) und neben (nicht-resonant) der H-Atom-Anregunslinie aufgenommen und die H-Atom-Fluoreszenz über Differenz des resonanten und nicht resonanten Signals bestimmt. Die Intensität des Störsignals korreliert klar erkennbar mit der Intensität der Flammenemission und ist in der Nähe der Brenneroberfläche am stärksten. Dies ist der Grund für die verhältnismäßig großen Fehler in der Nähe der Brenneroberfläche, die in den Höhenprofilen der H-Atom-Fluoreszenz für die Acetylen-Sauerstoff-Argon-Flamme mit $R = 1,4$ erhalten werden (vgl. Abb. 24).

Der Einfluß des Substrates auf das Profil der H-Atom-Fluoreszenz ist schon in

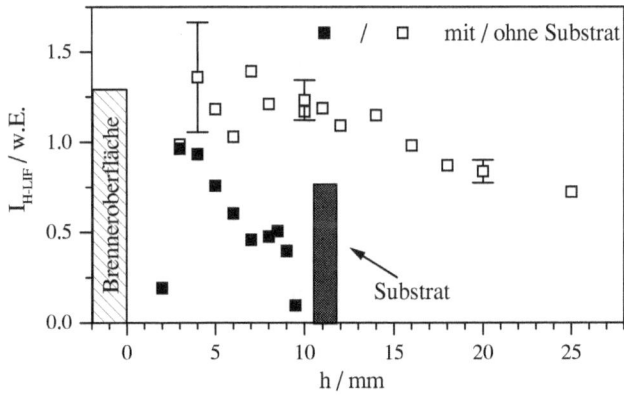

Abbildung 24: *H-Atom-Fluoreszenzintensitätsprofile mit und ohne Substrat in der Acetylenflamme mit* $R = 1,4$ *und* $h_{sub} = 10,60$ *mm für den Fall mit Substrat*

5,6 mm Entfernung deutlich zu erkennen. Die maximale Intensität der Fluoreszenz ist leicht zu geringeren Höhen verschoben und erreicht nur ungefähr zwei Drittel der Intensität in der freien Flamme. Hinter dem Maximum nimmt die Fluoreszenz schnell ab und sinkt in 1 mm Entfernung zum Substrat unter die Nachweisgrenze. Dies entspricht mindestens einer Verringerung um den Faktor 30.

Der Einfluß des Substrates auf H-Atom-Konzentrationen in deutlich größerer

Entfernung kann durch die hohe Diffusivität der H-Atome erklärt werden. Der starke Abfall der Konzentration ist entweder auf die Temperaturänderung am Substrat oder auf einen Verbrauch der H-Atome durch Oberflächenreaktionen zurückzuführen.

Zum Vergleich mit den Beschichtungsergebnissen, die nur für $R = 1,3-1,4$ Diamantwachstum ergeben haben, wird die H-Atomfluoreszenz stöchiometrieabhängig für $R = 1,2 - 1,5$ analog zu den OH-LIF-Messungen in einer Entfernung von 8 mm von der Brenneroberfläche detektiert. An diesem

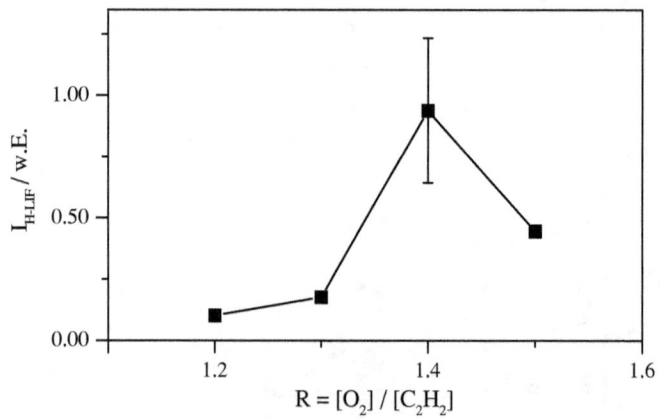

Abbildung 25: *H-Atom-Fluoreszenzintensitätsprofile in Abhängigkeit von der Stöchiometrie*

Punkt in 2,6 mm Entfernung zur Substratoberfläche erhält man für die untersuchten Stöchiometrien ein ausreichendes Signal/Rausch-Verhältnis.

Das Maximum der Intensität liegt bei $R = 1,4$, der Stöchiometrie also, bei der die besten Abscheidungsergebnisse beobachtet werden. Diese Beobachtung deckt sich gut mit bisherigen Wachstumsmodellen, die H-Atomen eine große Bedeutung für die Diamantbildung zuschreiben (vgl. Abschnitt 2.2.2, S. 17 ff.). Ursache für das beobachtete Maximum ist wahrscheinlich die Veränderung der Lage der Flammenfront mit der Stöchiometrie in Kombination mit der hohen Diffusivität der H-Atome.

4.2.4 Kohlenwasserstoffe

Die Zusammensetzung brennstoffreicher Acetylen-Sauerstoff-Flammen ist sehr komplex und viele der vorhandenen Spezies sind mit optischen Methoden nur schwer oder gar nicht nachweisbar. Aus diesem Grund wird die Gasphase in Ergänzung zu den LIF-Messungen mit MBMS untersucht, um einen Überblick über vorhandene Gasphasenkomponenten zu erhalten. Abbildung 26 zeigt beispielhaft ein Massenspektrum für $R = 1,3$ mit einem Substrat in der Höhe von $h_{sub} = 9,1$ mm.
Klar zu erkennen sind stabile Verbrennungsprodukte wie H_2, H_2O, CO und

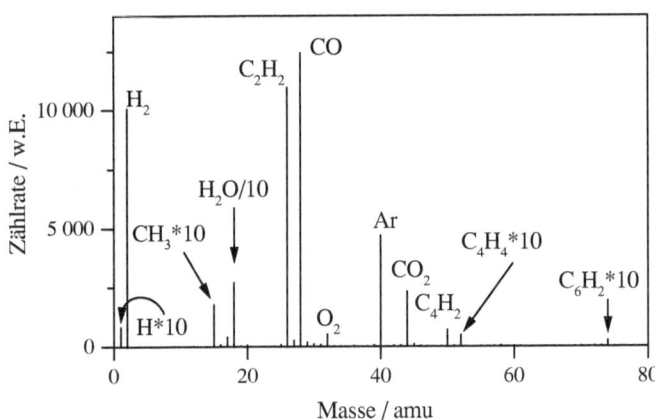

Abbildung 26: *Massenspektrum einer diamantabscheidenden Flamme mit $R = 1,3$ und einem Substrat in einem Abstand $h_{sub} = 9,1$ m von der Brenneroberfläche*

CO_2, Signale der Edukte C_2H_2 und O_2 sowie des zugesetzten Ar. An der Intensität des O_2-Signals ist zu erkennen, daß der Verbrennungsprozeß an dieser Stelle noch nicht abgeschlossen ist. Während Acetylen für diese brennstoffreichen Bedingungen auch im Abgas noch nachgewiesen werden kann, gilt dies nicht für Sauerstoff.
Neben diesen Hauptkomponenten der Verbrennung finden sich zahlreiche Intermediate, wie z.B. die für das Diamantwachstum wichtigen Radikale H und CH_3. Da für die Qualität der Diamantschichten entscheidend ist, inwiefern

Strukturen aus sp^2-hybridisiertem Kohlenstoff entstehen, ist das Verhalten von möglichen Rußvorläufern, die somit potentiell am Aufbau von Strukturen mit sp^2-hybridisiertem Kohlenstoff beteiligt sind, von großem Interesse. C_4H_2 und C_6H_2, die eine wichtige Rolle für das Massenwachstum von Ruß spielen,[24] werden in signifikanten Mengen nachgewiesen. Während ihre Rolle im Rahmen des Diamantwachstums bisher nicht diskutiert wird, wurde ihre Präsenz durch Untersuchungen von Rußbildungsprozessen in brennstoffreichen Flammen schon mehrfach beobachtet.

Im Gegensatz zu diesen Alkinen wird Benzol als weiterer wichtiger Rußvorläufer[24] in deutlich geringeren Konzentrationen detektiert. Polyaromatische Kohlenwasserstoffe, die ebenfalls als Vorläufersubstanzen von Ruß gelten, können nicht nachgewiesen werden.

Ausgewertet werden Massenbereiche bis 125 amu, wobei an Einzelspektren für einen Massenbereich bis 300 amu gezeigt wurde, daß keine Komponenten mit höherer Masse pro Ladung in diesen Flammen nachweisbar sind. Die Molekülsignale werden auf das Argonsignal normiert und man erhält relative Verläufe mit einem Fehler von 9%. Die absolute Konzentration stabiler Moleküle wird über Kaltgaskalibration bestimmt. Abgesehen von H_2O erhält man absolute Molenbrüche mit einem Fehler von 30 – 50%. Für H_2O werden auch im Restgasspektrum noch signifikante Mengen detektiert. Da die gemessenen Zählraten in der Größenordnung der H_2O-Signale in der Flamme liegen und nicht reproduzierbar sind, sind die H_2O-Messungen nicht auswertbar.

Die Bestimmung der absoluten Konzentration von reaktiven Zwischenspezies ist sehr schwierig, für die Untersuchung von Reaktionsmechanismen und Vergleiche mit Simulationen ist jedoch schon die Abschätzung der Größenordnung des Molenbruches einer Spezies hilfreich. Dies ist mit der Kalibrationsmethode nach BIORDI[21] möglich, mit der Konzentrationen der Zwischenspezies mit einem Fehler von einem Faktor 3 bestimmt werden.

Detaillierte Ergebnisse der Flammen mit $R = 1,3$ und 1,4 mit und ohne Substrat sind im Anhang gemeinsam mit den Kalibrationsfaktoren und den Fehlern in der absoluten Konzentration für die einzelnen Spezies aufgelistet (vgl. Anhang Tab. A1 und A2, S. 99 f.).

Im folgenden soll auf ausgewählte Ergebnisse eingegangen werden. Die Analyse der Daten teilt sich in drei Aspekte:

- Es werden die Konzentrationen in der Nähe des Substrates als Funktion des Substratabstandes von der Brenneroberfläche bestimmt. Hierdurch

4.2 Gasphasendiagnostik

erhält man Aufschluß darüber, welche Spezies unter optimalen Abscheidungsbedingungen vorhanden sind.

- Der Vergleich dieser Profile mit Messungen in der freien Flamme zeigt, wie die Konzentrationen der präsenten Spezies durch das Substrat verändert werden.

- Anschließende Messungen in Abhängigkeit von der Stöchiometrie liefern ergänzende Hinweise darauf, warum die Abscheidung von Diamant auf einen schmalen Stöchiometriebereich begrenzt ist.

Abbildung 27 zeigt beispielhaft die Molenbrüche von HCO, CH_3, C_3H_3 und C_4H_2 in der Flamme mit $R = 1,4$ als Funktion des Substratabstandes zur Brenneroberfläche. Die schraffierte Fläche markiert den Bereich, in dem Diamantfilme abgeschieden werden. Wie schon in Kapitel 3.1 beschrieben,

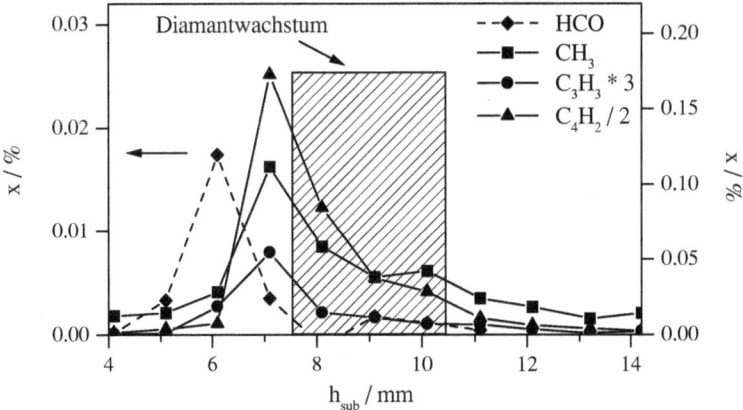

Abbildung 27: *Konzentrationsverläufe mit Substrat in einer Flamme mit $R = 1,4$.*

ist für den Vergleich mit den laserspektroskopischen Methoden zu beachten, daß Messungen mit Substrat immer die Gasphase an der Substratoberfläche erfassen. Höhenprofile stellen somit dar, wie sich das Radikalangebot an der Substratoberfläche mit einer Variation des Brenner-Substrat-Abstandes ändert

(vgl. Abb. 13, S. 45).
Für Substrathöhen < 4 mm ist keine Verbrennung zwischen Brenner und Substrat beobachtbar. Die Lage der Flammenfront wird gut durch das Maximum der Konzentration des HCO-Radikals beschrieben.[115] Die höchste Konzentration am Substrat erhält man bei $h_{sub} \approx 6$ mm. Mit einem schnellen Abfall der Konzentration sinkt der Molenbruch von HCO unter die Nachweisgrenze, bevor sich das Substrat in einem Abstand zum Brenner befindet, für den Diamantwachstum nachgewiesen werden konnte. Ähnliche Profilverläufe erhält man für weitere oxidierte Kohlenwasserstoffe wie CH_2O und C_2H_2O.

Deutlich verschieden von diesen Profilen ist z.B. der Konzentrationsverlauf von CH_3 und CH_4, für die exemplarisch CH_3 dargestellt ist. In diesem Fall liegt das Maximum in einer Höhe von ungefähr 7 mm und damit näher an dem Bereich, in dem Diamantabscheidung stattfindet. Hinter dem Maximum ist der Konzentrationsabfall deutlich flacher als für das HCO-Radikal, weshalb über den ganzen Abscheidungsbereich signifikante Mengen an CH_3 und CH_4 nachweisbar sind.

Durch das Auswertungsverfahren kann ausgeschlossen werden, daß die dargestellten CH_3-Konzentrationen Fragmentierungsprodukte der Ionisation von CH_4 enthalten. Der ähnliche Verlauf dieser Spezies läßt vermuten, daß sich die beiden Spezies im Gleichgewicht befinden. Der Konzentrationsverlauf des Methyl-Radikals stützt in Kombination mit den verhältnismäßig hohen Molenbrüchen von $0,04 - 0,06\%$ unter Abscheidungsbedingungen die häufig postulierte Bedeutung[30,38,127] des Methylradikals für den Wachstumsprozeß (vgl. Abschnitt 2.2.2, S. 17).

Wie in Abbildung 27 klar zu erkennen, wird das im Rahmen der Diamantabscheidung bisher nicht diskutierte C_4H_2 jedoch in noch höheren Konzentrationen nachgewiesen. Darüber hinaus werden signifikante Mengen an C_3H_3, C_4H_3 und C_4H_4 beobachtet, die ebenso wie C_4H_2 in rußbildenden Flammen gefunden werden. Der Konzentrationsverlauf von C_3H_3, welches eine wichtige Rolle bei der Benzolbildung spielt,[8] ist ebenfalls in Abbildung 27 dargestellt. Zu erkennen ist auch hier wieder ein relativ flacher Abfall der Konzentration hinter dem Maximum, welcher für alle genannten C_3- und C_4-Spezies in dieser Flamme beobachtet werden kann. Bei $R = 1,3$ können in der Nähe der Substratoberfläche zusätzlich noch C_6H_2 und Benzol nachgewiesen werden. Unter Abscheidungsbedingungen sind hiermit neben der Wachtumsspezies CH_3 signifikante Mengen von C_3- und C_4-Spezies, sowie Polyacetylene und Benzol nachweisbar. Für Rückschlüsse auf die Bedeutung dieser Spezies bezüglich des Diamantwachstums ist aber nicht allein die absolute Konzentration ausschlaggebend.

Das wichtigere Kriterium für die Relevanz einer Spezies im Wachstumsprozeß ist die Veränderung der Konzentration durch die Anwesenheit des Substrates. Es ist zu erwarten, daß die Konzentration von Spezies, die in den Wachstumsprozeß involviert sind, in der Nähe des Substrates abnimmt. Allerdings kann der Temperaturabfall am Substrat zu einem ähnlichen Effekt führen, da z.B. der Abbau von Radikalen aufgrund einer höheren Wahrscheinlichkeit der Rekombination beschleunigt wird. Ist die Konzentration unabhängig von der Anwesenheit des Substrates, ist eine wichtige Rolle dieses Moleküls für die Diamantbildung jedoch unwahrscheinlich.
In Abbildung 28 sind die Ergebnisse der Messungen mit und ohne Substrat bei $R = 1,4$ für CH_2, CH_3, C_3H_3 und C_4H_2 dargestellt. Die Verschiebung der Maxima um ungefähr 3 mm entlang der x-Achse ist durch die veränderte Strömungsgeometrie bedingt, wie durch andere massenspektrometrische Untersuchungen gezeigt werden konnte.[21] Das wichtigere Kriterium für die Bedeutung der Spezies für den Wachstumsprozeß ist die Veränderung des Wertes der Maximalkonzentration.
In der Reihe der C_1-Spezies zeigen CH_2 und CH_4 nur einen geringen Abfall der Konzentration von 10 bzw. 20% bei Anwesenheit des Substrates. Im Gegensatz dazu nimmt die Maximalkonzentration von CH_3 um 55% ab. Diese Beobachtung ist konsistent mit Wachstumsmodellen, die von diesen drei Spezies lediglich für das Methylradikal eine signifikante Beteiligung am Gitteraufbau postulieren.
Wie in Abbildung 28 zu erkennen, erhält man auch für größere Spezies wie C_3H_3 und C_4H_2 eine Abnahme um Faktoren von 2 bis 3. Noch deutlicher ist die Abnahme für C_6H_2, dessen Konzentration auf weniger als 15% der maximalen Konzentration in der freien Flamme sinkt (vgl. Anhang, Tab. A2, S. 100).
Für $R = 1,3$ verstärkt sich diese Tendenz für die genannten Moleküle (vgl. Anhang, Tab. A1, S. 99) und ist außerdem noch für C_3H_4 und C_4H_4 zu beobachten. Die Konzentration von C_6H_6 verringert sich für $R = 1,3$ jedoch nur um ungefähr 10%.
Ähnliches gilt in beiden Flammen für oxidierte Kohlenwasserstoffe wie CH_2O und C_2H_2O, deren Maximalkonzentrationen durch Anwesenheit eines Substra-

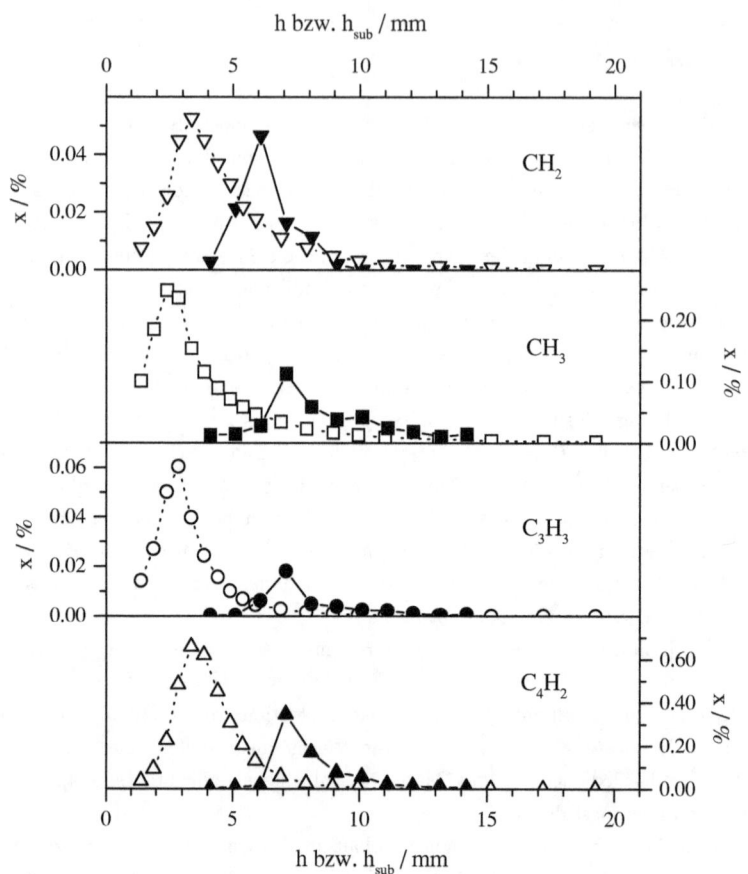

Abbildung 28: *Vergleich der Konzentrationsverläufe für Messungen bei* $R = 1,4$ *mit (geschlossene Symbole / h_{sub}) und ohne (offene Symbole / h) Substrat.*

tes kaum verändert werden.

Besonders interessant sind an diesen Ergebnissen zwei Punkte:
Erstens scheint in Übereinstimmung mit bisherigen Erklärungsmodellen des Diamantwachstums von den nachgewiesenen C_1-Spezies nur das Methylradikal am Gitteraufbau beteiligt zu sein. Zweitens sinken bei Anwesenheit des

4.2 Gasphasendiagnostik

Substrates die Konzentrationen der C_3- und C_4-Spezies, aber nicht die von Benzol. Die in der Literatur diskutierten Reaktionen von C_3- und C_4-Spezies über Benzol zu Ruß scheinen hier kein Hauptreaktionsweg zu sein. Aus der Konzentrationsabnahme durch Anwesenheit des Substrates ist die Oberflächenaktivität der C_3- und C_4-Spezies jedoch noch nicht bewiesen. Entstehung und Abbau dieser Spezies können auch lediglich die Bildung der Wachstumsspezies beeinflussen.

Um weitere Hinweise auf die Wirkungsweise der beobachteten Spezies zu erhalten, wird die Konzentration als Funktion der Stöchiometrie in einem Bereich von $R = 0,8 - 1,7$ bestimmt. Die Messungen werden in einer Flamme ohne Substrat durchgeführt, da in diesem Fall die Empfindlichkeit höher ist. Aufgrund der mittleren Verschiebung der Konzentrationsmaxima von 3 mm entlang der Abszisse bei Anwesenheit des Substrates, werden diese Messungen bei $h = 6$ mm durchgeführt.

Da für $R = 0,8$ an der Düsenspitze leichte Rußbildung zu erkennen ist, kann für diese Stöchiometrie eine Störung der Flammenbedingungen nicht ausgeschlossen werden. Darüber hinaus ist bekannt, daß die Flammengeschwindigkeit in Flammen, deren Zusammensetzung weit von stöchiometrischen Bedingungen entfernt ist, stark von der Temperatur abhängt.[55] Dieser Effekt ist bei der Betrachtung der Daten zu berücksichtigen.

Abbildung 29 zeigt die Veränderung von O_2, CH_3 und CH_4 in einem Stöchiometriebereich von $R = 0,8 - 1,7$. Auf den ersten Blick überraschend erscheint der leichte Anstieg des Molenbruches für O_2 ab ungefähr $R = 1,1$ bei einer Erhöhung des Acetylenanteils im Kaltgasgemisch. Aufgrund des hohen Brennstoffanteils sinkt die Flammengeschwindigkeit[55] und der Oxidationsprozeß ist in gleicher Entfernung zur Brenneroberfläche weniger weit fortgeschritten. Aus oben erwähnten Gründen ist jedoch nicht auszuschließen, daß die Flammengeschwindigkeit für $R = 0,8$ durch einen Kühleffekt der Düse herabgesetzt wird und für diese Stöchiometrie die Bedingungen der Flamme nicht ganz exakt wiedergegeben werden.

Die CH_4-Konzentration steigt im untersuchten Stöchiometriebereich um einen Faktor von 30 für brennstoffreiche Bedingungen, wobei die Stöchiometrieabhängigkeit im Bereich von $R = 0,8 - 1,1$ eine deutlich stärkere negative Steigung aufweist. Ähnliches Verhalten von oxidierten Kohlenwasserstoffen wie z.B. C_2H_2O zeigt, daß Konzentrationänderungen um Faktoren von 20 bis 30 nicht eindeutig auf andere Hauptreaktionswege bzw. eine deutliche

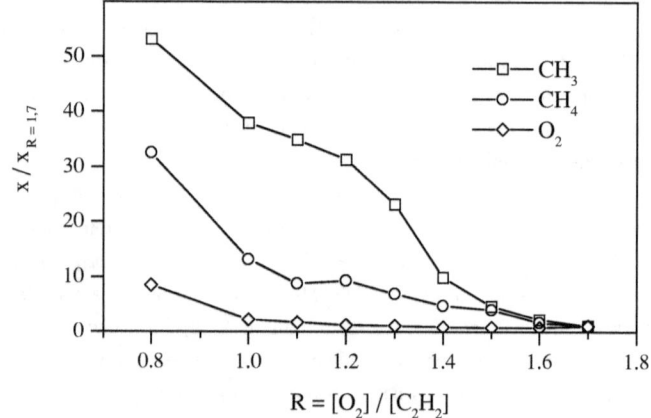

Abbildung 29: Stöchiometrieabhängigkeit der Konzentrationen von CH_3, CH_4 und O_2 in einer Höhe von $h = 6$ mm normiert auf den Molenbruch für $R = 1,7$

Veränderung der Verbrennungsprozesse hinweisen. Es ist zu vermuten, daß die Erhöhung haupstsächlich auf die Verschiebung der Flammenfront zurückzuführen ist.

Im Gegensatz zu CH_4 nimmt die CH_3-Konzentration schon ab $R = 1,5$ für brennstoffreichere Bedingungen deutlich zu. Es ist zu beobachten, daß sich die Methylkonzentration doppelt so stark ändert wie z.B. die Konzentration von C_2H_2O und CH_4. Der Anstieg der Molenbrüche von Rußvorläufersubstanzen ist jedoch um ein bis zwei Größenordnungen höher.

Zum Vergleich ist die Entwicklung der CH_3-Konzentration gemeinsam mit der Stöchiometrieabhängigkeit von C_3H_3 und C_4H_2 in Abbildung 30 dargestellt. Der relative Verlauf des Molenbruches von C_4H_2 bezieht sich auf die rechte Achse. Der Molenbruch von C_3H_3 liegt für $R = 0,8$ ungefähr um einen Faktor von 300 über dem minimal nachweisbaren Molenbruch von $3 * 10^{-6}$, bei $R = 1,7$ ist C_3H_3 nicht nachweisbar. Die Konzentration von C_4H_2 liegt bei $R = 1,7$ ebenfalls unter seiner Nachweisgrenze von $7 * 10^{-6}$. Bis $R = 0,8$ ist die Konzentration von C_4H_2 damit mindestens um einen Faktor von 5000 angestiegen. Faktoren zwischen 400 und 1000 werden für weitere C_3- und C_4-Spezies, sowie für die Polyacetylene C_6H_2 und C_8H_2 beobachtet.

4.2 Gasphasendiagnostik

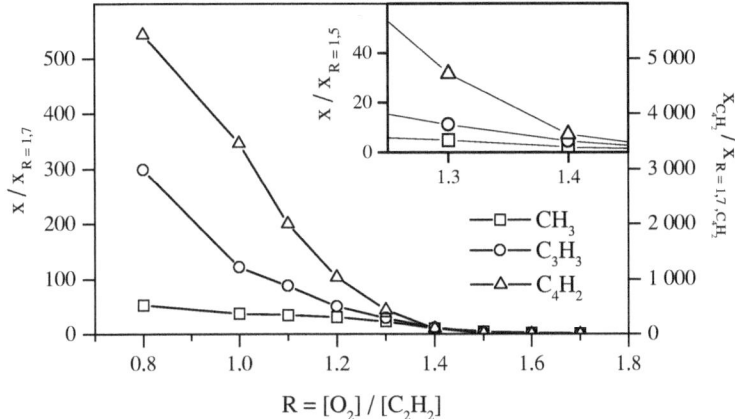

Abbildung 30: *Stöchiometrieabhängigkeit der Konzentrationen von CH_3, C_3H_3 und C_4H_2 (rechte Achse) normiert auf den Molenbruch für $R = 1,7$ (bzw. $R = 1,5$ im Einschub)*

Die Erhöhung der Konzentration dieser Moleküle ist kontinuierlich über den untersuchten Stöchiometriebereich nachweisbar und auch schon für $R = 1,3$ und 1,4 deutlich größer als für CH_3. Dies ist in dem vergrößerten Ausschnitt in Abbildung 30 dargestellt. Um die Entwicklung in der Nähe des Abscheidungsbereiches besser vergleichen zu können, wurden die Molenbrüche auf ihren jeweiligen Wert bei $R = 1,5$ normiert.
Der untersuchte Bereich umfaßt auch Stöchiometrien von $R \approx 1$, für die bei höheren Kaltgasgeschwindigkeiten hohe Wachstumsraten erzielt werden können.[89,154] Aufgrund der höheren Temperaturen in den Flammen von WOLDEN et al.[154] und KIM und CAPPELLI[89] wird der Effekt zwar reduziert sein, es ist aber davon auszugehen, daß höhermolekulare Spezies, wie sie in dieser Arbeit beobachtet werden, auch in Flammen mit höheren Kaltgasgeschwindigkeiten in signifikanten Konzentrationen nachweisbar sind.
   Insgesamt zeigen die stöchiometrieabhängigen Messungen, daß neben einer geringen Erhöhung der Methylkonzentration für brennstoffreichere Bedingungen vor allem die Konzentrationen von Rußvorläufersubstanzen stark ansteigen. Diese oben diskutierten Spezies reagieren möglicherweise auf der Schichtoberfläche zu Kohlenstoffstrukturen mit hohem sp^2-Anteil.

Eindeutige Rückschlüsse auf die Oberflächenaktivität dieser Spezies können aus diesen Messungen jedoch noch nicht gezogen werden. Weitere Informationen könnten eventuell durch Messungen in Abhängigkeit von der Substrattemperatur gewonnen werden.

In Kombination mit den LIF-Ergebnissen sind jedoch noch weitere Schlußfolgerungen möglich:
Im beobachteten Stöchiometriebreich liegt das Maximum der H-Atom-Konzentration in der Nähe des Substrates bei dem Wert von R, für den optimale Diamantabscheidung beobachtet wurde. Signifikante Molenbrüche an CH_3 werden unter Abscheidungsbedingungen nachgewiesen. Diese Radikale sind die wichtigsten oberflächenaktiven Spezies in einem Mechanismus von RUF et al.[126,127], der Gasphasenreaktionen und Oberflächenreaktionen berücksichtigt und durch verschiedene Experimente bestätigt werden kann.[125] Die Konzentrationsverläufe dieser beiden Radikale stimmen somit mit bisherigen Wachstumsmodellen überein, erklären jedoch noch nicht, warum die Abscheidung auf einen schmalen Stöchiometriebereich beschränkt ist.

Unter brennstoffarmen Bedingungen scheint die Erhöhung der OH-Radikal-Konzentration um einen Faktor von 3,5 die Diamantbildung zu verhindern. OH-Radikale reagieren sowohl mit sp^2- als auch mit sp^3-gebundenen Kohlenstoff zu Gasphasenspezies und führen so zu einem Abbau des Diamantgitters.[125]

Unter brennstoffreichen Bedingungen scheinen zahlreiche höhermolekulare Spezies, die in anderen Flammen zur Rußbildung beitragen, das Diamantwachstum zu begrenzen. Dies könnte dadurch begründet sein, daß die Bildung von sp^2-gebundenem Kohlenstoff so stark begünstigt wird, daß der selektive Ätzprozeß durch die H-Atome nicht mehr effektiv genug ist und amorphe graphitische Strukturen entstehen.

4.3 Gasphasensimulation

Die Simulation chemischer Reaktionen bietet eine gute Möglichkeit, postulierte Modelle zu testen und mit verifizierten Modellen Eigenschaften eines Systems vorherzusagen. Für die zuverlässige Vorhersage nicht vermessener Bedingungen müssen Mechanismen entwickelt werden, die die Reaktionsbedingungen auch bei großer Variation der Ausgangsparameter korrekt darstellen.
Die experimentellen Ergebnisse beschreiben die Gasphasenbedingungen brenn-

4.3 Gasphasensimulation

stoffreicher Flammen in einem weiten Stöchiometriebereich. Aus diesem Grund eignen sie sich dazu, bisherige Gasphasenmechanismen durch Vergleich der Simulation mit dem Experiment zu prüfen.
Hierfür wird ein Mechanismus von MILLER und MELIUS[112] verwendet, der für brennstoffreiche Flammen enwickelt wurde. Der Mechanismus beschreibt Reaktionen zahlreicher C_1- bis C_5-Spezies, sowie Reaktionen zu C_6H_2, Benzol und Phenylacetylen. Der verwendete Mechanismus ist eine aktuell überarbeitete Version eines Mechanismus von MILLER und MELIUS[113], der eine gute Übereinstimmung mit einer Acetylen-Sauerstoff-Argon-Flamme[m] zeigt, die den hier untersuchten Flammen verhältnismäßig ähnlich ist.
Mit den durchgeführten Simulationen soll gezeigt werden, inwiefern die oben beschriebene Stöchiometrieabhängigkeit der Konzentrationen von C_xH_y ($x = 1, 3, 4 \wedge y = 2, 3, 4$) und C_6H_2 von diesem Mechanismus beschrieben werden können. Hierbei ist zu beachten, daß der Mechanismus mehrere hundert Reaktionen beinhaltet, bei denen zum Teil abgeschätzte Geschwindigkeitskonstanten verwendet werden. Wenn auch nicht alle Reaktionen wesentlich sind, so ist nicht zu erwarten, daß der Reaktionsverlauf von Zwischenspezies exakt wiedergegeben wird. Dies gilt vor allem für Moleküle, die erst aus aufeinanderfolgenden Reaktionen entstehen. Für Zwischenspezies können Berechnungen mit Abweichungen von einem Faktor 2 als sehr gut bezeichnet werden.
Die Simulationen werden unter Angabe eines Temperaturprofils durchgeführt. Die Temperatur ist eine entscheidende Größe für chemische Reaktionen, weshalb im ersten Teil dieses Kapitels die Auswahl des Temperaturprofils erläutert wird. Im zweiten Teil werden die Gasphasenbedingungen der Flamme mit $R = 1, 4$, für die bei Anwesenheit des Substrates Diamant entsteht, mit den Ergebnissen der Massenspektrometrie verglichen. Anschließend werden die Simulationsergebnisse analog zu den stöchiometrieabhängigen MBMS-Messungen dargestellt und mit dem Experiment verglichen.

4.3.1 Wahl des Temperaturprofils

Für die Wahl des Temperaturprofils ist zu beachten, daß die Flamme durch die Düse des MBMS-Experimentes leicht verändert wird. Die Störung beruht auf einer Kühlung der Flamme, die sich vor allem in der Nähe der

---

[m] Flammenbedingungen[14]: 27,5% C_2H_2, 27,5% O_2, 45% Ar, $p = 26$ mbar, $v = 97$ cm/s

Brenneroberfläche bemerkbar macht.
Dieser Kühleffekt wurde experimentell von BASTIN et al. in einer Acetylen-Sauerstoff-Argon-Flamme (vgl. Fußnote m, S. 81) mit einer Stöchiometrie von $R = 1,0$ bei einem Druck von 26 mbar quantifiziert.[14]
Qualitativ weist das Temperaturprofil relativ zu dem in der ungestörten Flamme folgende Veränderungen auf:

- Bis zu einer Entfernung von ungefähr 2 mm zur Brenneroberfläche ist der Gradient des Temperaturanstiegs deutlich flacher.

- Im Anschluß steigt die Temperatur mit einem ähnlichen Gradienten an, die Flanke des Profils ist jedoch um einige Millimeter entlang der Abszisse zu höheren Brennerabständen verschoben.

- Ab einem Maximalwert, der ungefähr 250 K niedriger liegt, verläuft das Profil, wie im ungestörten Fall flach, so daß die Endtemperatur ebenfalls um 250 K verringert ist.

Das für die Simulation veränderte Temperaturprofil (II) ist gemeinsam mit den durch OH-LIF gemessenen Temperaturen und dem aus den experimentellen Werten interpolierten Temperaturprofil (I) in Abbildung 31 dargestellt. Die ersten beiden Effekte werden qualitativ im Temperaturprofil II berücksichtigt. Eine Veränderung der Maximaltemperatur wird aus folgenden Gründen nicht angenommen:
Zum einen wird in der hier untersuchten Flamme ungefähr die doppelte Menge Brennstoff pro Zeit umgesetzt, weshalb der relative Kühleffekt durch eine Düse geringer sein sollte. Zum anderen werden Flammen umso stärker durch externe Einflüße gestört, je weiter sie von einer stöchiometrischen Zusammensetzung entfernt sind.[55] Aus diesem Grund ist die Flamme von BASTIN et al. mit einer Stöchiometrie von $R = 1,0$ empfindlicher als eine Flamme bei $R = 1,4$, in der das Temperaturprofil gemessen wurde.
Desweiteren zeigt ein Vergleich zweier Simulationen, deren Temperaturanstieg bis zu einer Entfernung von 6 mm zur Brenneroberfläche gleich ist und die sich in der Endtemperatur um 200 K unterschieden, daß der Einfluß der Höhe des Temperaturplateaus für die folgende Untersuchung unerheblich ist. Die Form der Konzentrationsprofile bleibt in diesem Falle unverändert und der Einfluß auf die Maximalkonzentration liegt in der Regel unter 2%. Lediglich H, O, OH und CO_2 zeigten mit einer relativen Veränderung

4.3 Gasphasensimulation

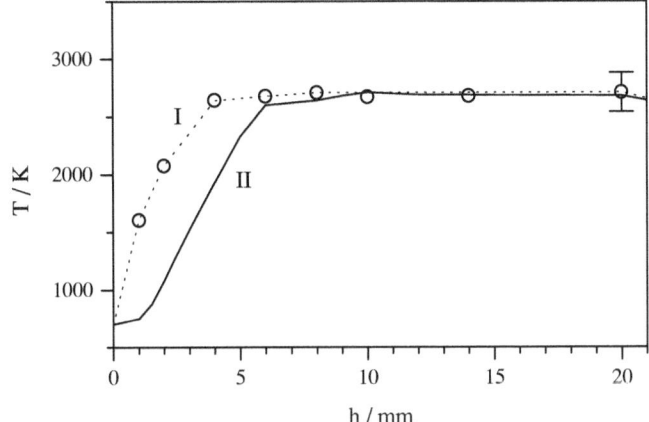

Abbildung 31: Gemessene Temperaturen (o / vgl. Kapitel 4.2.1, S. 61 ff.) und interpoliertes Temperaturprofil (I / - - -) im Vergleich mit verändertem Temperaturprofil (II / —) für die Simulation der MBMS-Messungen

der Maximalkonzentration von jeweils 5, 24, 21, und 5% eine erkennbare Abhängigkeit von der Endtemperatur.

Die Verwendung des Temperaturprofils II bedingt in der Simulation im Vergleich zu Temperaturprofil I für fast alle Spezies eine Verschiebung der Konzentrationsmaxima entlang der Abszisse. Ein Einfluß auf die Maximalkonzentration ergibt sich in der Hauptsache für Edukte und oxidierte Kohlenwasserstoffe wie z. B. CH_2O_2 oder $C_2H_2O_2$, für die als frühe Oxidationsprodukte das Konzentrationsmaximum bei sehr niedrigen Höhen liegt.

Für die folgende Diskussion ist zu beachten, daß auch das veränderte Temperaturprofil nicht exakt die Bedingungen des MBMS-Experimentes beschreibt. Die Störung durch die Düse ist an jedem Punkt verschieden, so daß jeder Meßpunkt einzeln mit einem spezifischen Temperaturprofil berechnet werden müßte. Wie im folgenden zu erkennen, beschreibt es jedoch eine hinreichend gute Näherung.

4.3.2 Simulation der Flammenbedingungen bei $R = 1,4$

In Abbildung 32 ist der gemessene Konzentrationsverlauf von O_2, C_2H_2 und CO in der Flamme mit $R = 1,4$ vergleichend mit den Ergebnissen der Simulationen unter Verwendung des gemessenen und veränderten Temperaturprofils dargestellt. Gestrichelte Linien beschreiben die Ergebnisse unter Verwendung

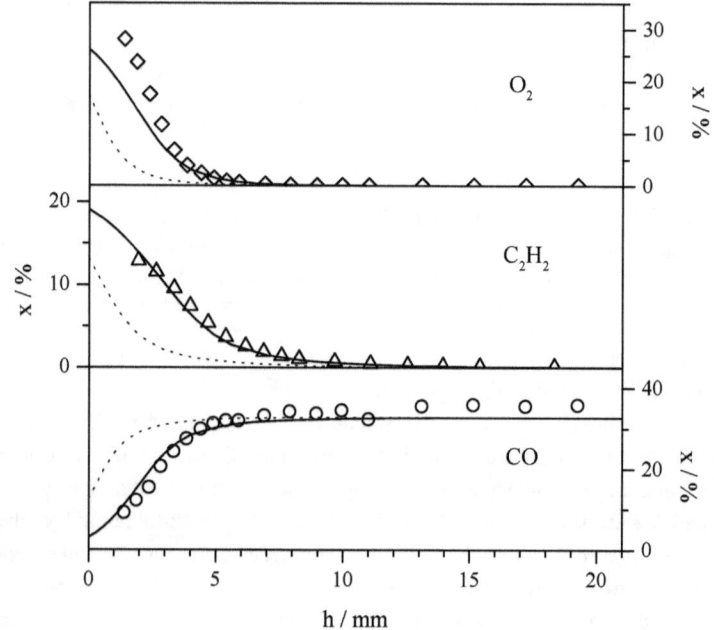

Abbildung 32: *Simulation für gemessenes (- - -) und verschobenes (——) Temperaturprofil im Vergleich mit dem Experiment (□/△/○).*

des Temperaturprofils I, durchgezogene Linien gelten für Berechnungen mit Temperaturprofil II. Es ist gut zu erkennen, daß der Abfall der Edukte und der Anstieg für CO durch die Simulation mit dem Temperaturprofil II deutlich besser wiedergegeben wird. Deshalb wird im folgenden nur noch auf Ergebnisse der Simulation mit diesem Temperaturprofil eingegangen und

4.3 Gasphasensimulation

dieses Temperaturprofil als Standardtemperaturprofil bezeichnet. Die berechnete O_2-Konzentration liegt in einer Höhe von 1,4 mm ein Drittel unter dem gemessenen Wert, der experimentelle Konzentrationsverlauf von C_2H_2 und CO_2 wird jedoch nahezu exakt durch die Simulation wiedergeben. Für die weiteren Hauptprodukte der Verbrennung CO_2, H_2 und H_2O wird der Konzentrationsanstieg ebenfalls gut wiedergegeben, die Endkonzentrationen liegen jedoch ungefähr um den Faktor 2 unter den gemessenen Werten. Hierbei ist allerdings zu berücksichtigen, daß die Konzentrationen von CO_2 und H_2 im Bereich von 5% liegen und der absolute Fehler damit in der gleichen Höhe liegt wie für CO. Die gemessenen, absoluten Konzentrationen von H_2O sind stark fehlerbehaftet (vgl. Abschnitt 4.2.4, S. 72), weshalb die beobachtete Abweichung nicht interpretiert werden kann.

Tabelle 1 gibt für einzelne Zwischenprodukte einen vergleichenden Überblick über berechnete und gemessene Maximalkonzentrationen (x_{max}) und Positionen der Maxima (h_{max}). „x_{exp}/x_{sim}" ist das Verhältnis der experimen-

$Spezies$	$Experiment$		$Simulation$		$Vergleich$	
	x_{max}	$h_{x_{max}}$	x_{max}	$h_{x_{max}}$	$\frac{x_{exp}}{x_{sim}}$	$h_{exp} - h_{sim}$
CH_2	0.026	3.4	0.049	4.0	0.54	-0.6
CH_3	0.25	2.4	0.13	4.0	2.0	-1.6
CH_4	0.16	2.4	0.16	1.5	0.96	0.9
C_3H_2	0.011	3.4	0.057	3.5	0.19	-0.1
C_3H_3	0.060	2.9	0.028	3.0	2.1	-0.1
C_3H_4	0.15	2.4	0.010	1.3	15	1.2
C_4H_2	0.66	3.4	0.072	3.0	9.1	0.4
C_4H_3	0.014	3.4	0.0046	3.5	3.0	-0.1
C_4H_4	0.039	2.9	0.012	1.5	3.3	1.4
C_6H_2	0.27	3.9	0.0022	3.0	120	0.9

Tabelle 1: *Vergleich der Simulation der Acetylen-Sauerstoff-Argon-Flamme ($R = 1,4$) mit dem Experiment. Molenbrüche werden in Prozent und Höhen in Millimeter angegeben.*

tell bestimmten Maximalkonzentration zur berechneten Maximalkonzentration.

„$h_{exp} - h_{sim}$" ist die Differenz der Lage der Maximalkonzentration, wobei positive Werte bedeuten, daß das experimentell beobachtete Maximum weiter von der Brenneroberfläche entfernt ist.
Die Positionen der berechneten Maxima unterscheiden sich von dem Experiment um $0,1 - 1,6$ mm. In diesem Bereich wurden die gemessenen Konzentrationen in einem Abstand von 0,5 mm bestimmt, so daß die Abweichungen zum Teil unter der experimentellen Auflösung liegen. Die größten Unterschiede zwischen der Simulation und dem Experiment werden für CH_3 und C_4H_4 beobachtet, wobei die Konzentrationsmaxima der Simulation für CH_3 1,6 mm hinter und für C_4H_4 1,4 mm vor dem experimentell bestimmten Wert liegen. Diese Unterschiede sind also nicht auf einen systematischen experimentellen Fehler zurückzuführen.
Für den Vergleich der Höhe der Maximalkonzenrationen ist zu beachten, daß abgesehen von CH_4 die absoluten Konzentrationen mit einem Fehler von einem Faktor 3 abgeschätzt sind. Die maximale Konzentration von CH_4 wird fast exakt durch die Simulation wiedergegeben, für CH_2, CH_3, C_3H_3, C_4H_3 und C_4H_4 liegen die berechneten Werte innerhalb der Fehlergrenzen der experimentellen Daten.
Mit einer um den Faktor 5 zu hoch berechneten Konzentration wird die Bildung von C_3H_2 leicht überschätzt. Zu hohe Konzentrationen werden außer für C_3H_2 nur noch für CH_2 simuliert. Signifikant geringere Konzentrationen werden für C_3H_4, C_4H_2 und C_6H_2 berechnet, wobei die Konzentrationen der ersten beiden Spezies um ungefähr eine Größenordnung vom Experiment abweichen. Die Konzentration von C_6H_2 wird sogar um mehr als zwei Größenordnungen unterschätzt.
Für einen genaueren Vergleich der Form der Profile sind in Abbildung 33 berechnete und gemessene Konzentrationsverläufe der CH_x-Spezies mit $x = 2, 3, 4$ dargestellt. Während für CH_4 die Form des gemessenen Konzentrationsprofils gut wiedergegeben wird, sind die Halbwertsbreiten der experimentell bestimmten Maxima für CH_2 und CH_3 mindestens um den Faktor 2 schmaler als in der Simulation.
Beispielhaft für die untersuchten C_3-, C_4- und C_6-Spezies zeigt Abbildung 34 die gemessenen und berechneten Konzentrationsverläufe von C_3H_3, C_4H_2 und C_6H_2, wobei die simulierten Konzentrationsverläufe auf die experimentellen Maxima normiert sind. Für C_3H_3 wird im Experiment ebenfalls ein etwas schmaleres Maximum beobachtet als durch die Simulation beschrieben wird. Gleiches gilt für C_3H_2 und C_4H_4.

4.3 Gasphasensimulation

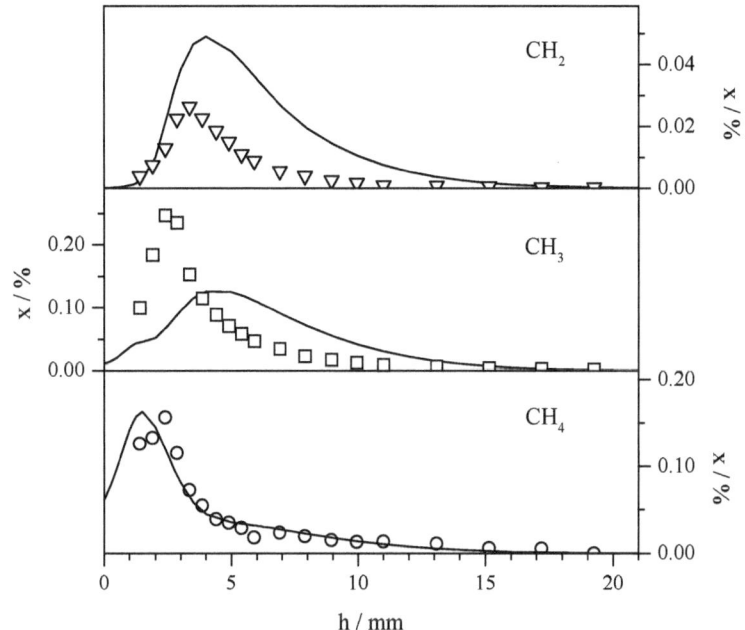

Abbildung 33: *Vergleich der Simulation der Konzentrationsverläufe von CH_2, CH_3 und CH_4 mit dem Experiment*

Für die übrigen in Tabelle 1 aufgeführten Spezies stimmt die Form der berechneten Profile unabhängig von der Abweichung der Maximalkonzentrationen gut mit den experimentellen Ergebnissen überein. Dies wird in Abbildung 34 am Beispiel von C_4H_2 und C_6H_2 deutlich, deren berechnete Maximalkonzentrationen um eine bzw. zwei Größenordnungen vom Experiment abweichen. Prinzipiell weisen zu gering berechnete Maximalkonzentrationen bei gleicher Form der Profile darauf hin, daß sowohl für Auf- wie Abbaureaktionen die Geschwindigkeitskonstanten zu gering abgeschätzt sind.

Weitere Interpretationen dieser Ergebnisse wären mit Hilfe von Reaktionsflußanalysen dieser Spezies und Sensitivitätsanalysen für die Identifizierung der geschwindigkeitsbestimmenden Reaktionsschritte möglich. Da der Schwerpunkt

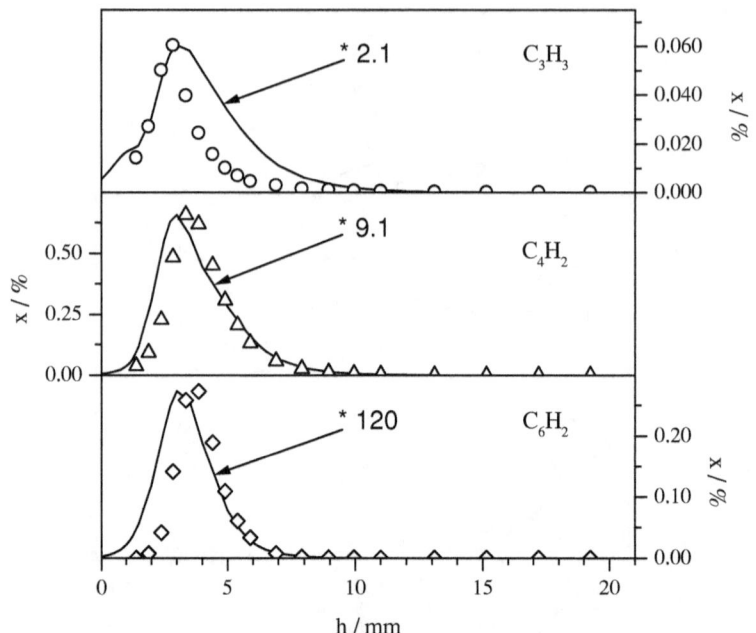

Abbildung 34: *Vergleich der Simulation der Konzentrationsverläufe von C_3H_3, C_4H_2 und C_6H_2 mit dem Experiment*

dieser Arbeit jedoch im experimentellen Bereich liegt und hiermit nur ein erster Überblick über die Anwendbarkeit des getesteten Mechanismus gegeben werden sollte, wurden diese Untersuchungen bisher nicht durchgeführt.
Insgesamt ist die Übereinstimmung der Simulation mit dem Experiment abgesehen von den maximalen Konzentrationen von C_3H_2, C_3H_4, C_4H_2 und C_6H_2, als gut zu bezeichnen.

4.3.3 Stöchiometrieabhängige Simulationen

Für die stöchiometrieabhängigen Simulationen standen keine gemessenen Temperaturprofile der jeweiligen Flammen zur Verfügung, aus denen Tempera-

4.3 Gasphasensimulation

turverläufe für die Simulationen hätten definiert werden können. Aus diesem Grund wird für eine Abschätzung der Temperaturabhängigkeit die Flamme mit einer Stöchiometrie von $R = 1,6$ mit drei verschiedenen Temperaturprofilen berechnet. Hierbei handelt es sich um das Standardtemperaturprofil und zwei hieraus abgeleitete Profile, deren Temperaturverlauf um 200 K erhöht bzw. erniedrigt ist. Um die Startbedingungen der Flamme nicht zu stark zu verändern, wird die Anfangstemperatur nur um 100 K variiert.

Die Simulationsergebnisse für $R = 1,6$ unter Verwendung des Standardtemperaturprofils zeigen ähnliche Übereinstimmungen mit dem Experiment wie für den Fall bei $R = 1,4$. Die experimentellen Konzentrationsverläufe der Hauptspezies werden sehr gut durch die Simulation wiedergegeben. Die berechneten Maximalkonzentrationen weichen für alle Zwischenspezies ungefähr um den gleichen Faktor von den gemessenen Konzentrationen ab wie für $R = 1,4$. Für einen detaillierten Vergleich sind die genauen Werte im Anhang in Tabelle A3 (vgl. S. 101) aufgeführt.

Die Veränderungen durch die Erhöhung bzw. Erniedrigung der Temperaturen sind gering, wobei die Auswirkungen der Temperaturerhöhung ungefähr um den Faktor 2 größer sind als für den um 200 K verringerten Temperaturverlauf. Die Lage der Maxima wird für die zu untersuchenden Spezies maximal um 0,1 mm verschoben. Abgesehen von C_3H_4 und C_4H_2, deren Konzentrationen für die Simulation mit den erhöhten Temperaturen um 25 bzw. 15% abnehmen, liegen die Veränderungen der Konzentrationen unter 10%.

Aufgrund dieser geringen Abweichungen können die stöchiometrieabhängigen Simulationen mit dem Standardtemperaturprofil durchgeführt werden. Für den Vergleich mit den experimentellen Werten ist zu berücksichtigen, daß für geringe Werte von R eher niedrigere Temperaturen zu erwarten sind.

Die Veränderung der Stöchiometrie wirkt sich besonders für geringe Werte von R auf die Form der Profile aus, was jedoch aufgrund fehlender experimenteller Daten nicht interpretiert werden kann. Deshalb wird im folgenden nur auf den Vergleich der Simulationen mit den experimentellen Ergebnissen für einen konstanten Abstand zur Brenneroberfläche bei $h = 6$ mm eingegangen, die in Kapitel 4.2.4 (vgl. S. 77 ff.) beschrieben wurden. Hierfür wird zuerst auf die Hauptspezies eingegangen und generelle Tendenzen werden dargestellt. Im Anschluß wird die Berechnung der Konzentrationen der Zwischenspezies beschrieben.

Abbildung 35 zeigt die stöchiometrieabhängige Simulation der O_2-, C_2H_2- und CO-Konzentrationen im Vergleich mit dem Experiment. Die Entwicklung

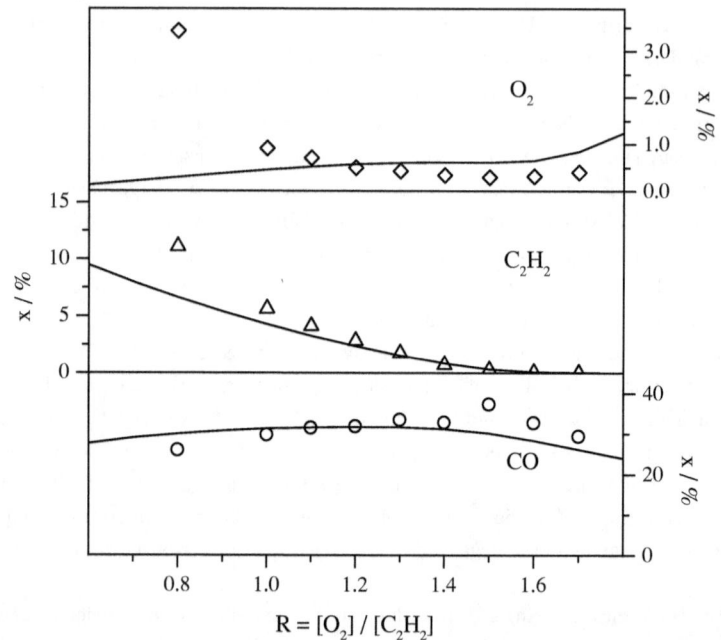

Abbildung 35: *Stöchiometrieabhängigkeit der Simulation im Vergleich mit dem Experiment*

der C_2H_2- und CO-Konzentration wird verhältnismäßig gut beschrieben, für O_2 beschreibt die Simulation jedoch eine monoton ansteigende Funktion, die experimentell nicht beobachtet wird. Die starke Abweichung für $R = 0,8$ kann zwar auch durch eine stärkere Störung der Düse verursacht sein (vgl. Kapitel 4.2.4, S. 77), ein geringer Anstieg der experimentellen O_2-Konzentrationen für brennstoffreichere Bedingungen ist jedoch schon ab $R = 1,5$ zu beobachten.

Für fast alle Spezies ist zu beobachten, daß das Verhältnis der experimentellen Molenbrüche zu den berechneten (x_{exp}/x_{sim}) mit abnehmendem R zunimmt.

4.3 Gasphasensimulation

Eine Ausnahme bildet hier CO mit einer gringfügigen Abnahme für kleinere Werte von R und H_2, für das keine eindeutige Tendenz zu erkennen ist. Der Anstieg x_{exp}/x_{sim} könnte dadurch bedingt sein, daß für brennstoffreichere Bedingungen der Verbrennungsprozeß in der Höhe von 6 mm weniger weit fortgeschritten ist als durch die Simulation beschrieben wird. Dieser Effekt kann unter anderem durch die fehlende Berücksichtigung der Stöchiometrieabhängigkeit des Temperaturprofils in den Flammen bedingt sein. Die Betrachtung der Zwischenprodukte zeigt, daß die berechneten Konzen-

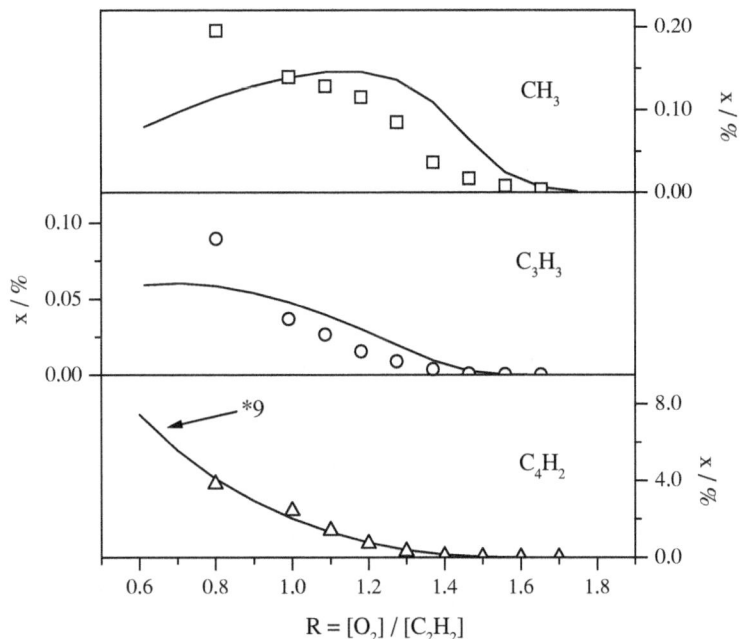

Abbildung 36: *Stöchiometrieabhängigkeit der Simulation im Vergleich mit dem Experiment*

trationsverläufe in drei Gruppen eingeteilt werden können, die exemplarisch durch CH_3, C_3H_3 und C_4H_2 in Abbildung 36 wiedergegeben sind. Für einen besseren Vergleich ist die berechnete Konzentration von C_4H_2 mit dem

Faktor 9 mulitpliziert, um den die Maximalkonzentration von C_4H_2 in der Simulation für $R = 1,4$ unterschätzt wird.
Für CH_3 weist die berechnete Konzentration als Funktion der Stöchiometrie ein Maximum bei $R = 1,2$ auf. Im Gegensatz dazu wird für die experimentellen Werte ein steiler Anstieg der Konzentration von $R = 1,5$ bis $R = 0,8$ beobachtet. Der etwas stärkere Anstieg der Konzentration für $R = 0,8$ könnte durch eine Störung der Flamme unter diesen sehr brennstoffreichen Meßbedingungen hervorgerufen sein.
Unter der Annahme, daß der Wert für $R = 0,8$ zu hoch liegt, könnte sich der Konzentrationsverlauf des CH_3-Radikals einem Maximum annähern. Der Anstieg der Methylkonzentration ist für die Simulation jedoch zumindest um 0,2 Einheiten des Stöchiometriefaktors R zu brennstoffarmen Bedingungen verschoben. Ein vergleichbarer Verlauf, sowohl für die Simulation als auch für das Experiment erhält man für CH_4 und C_2H_2O.
Für andere Spezies wird am brennstoffreicheren Rand des untersuchten Stöchiometriebereiches ein Plateau erreicht. Dies wird für die Simulationen von C_3H_3, C_3H_4 und C_4H_4 beobachtet. Die gemessenen Konzentrationen dieser Spezies zeigen jedoch einen Anstieg der Konzentration für brennstoffreiche Bedingungen, wobei die Steigung für kleine Werte von R zunimmt.
Für die dritte Gruppe, zu der C_3H_2, C_4H_2, C_4H_3 und C_6H_2 gehören, wird experimentell ebenfalls ein mit geringerem R immer stärker werdender Anstieg der Konzentrationen beobachtet und für diese Moleküle durch die Simulation wiedergegeben. Es ist allerdings zu beachten, daß von den Spezies der letzten Gruppe nur die Konzentration von C_4H_3 bei $R = 1,4$ im Rahmen der experimentellen Fehlergrenzen berechnet wird.

Insgesamt zeigt der Vergleich der Simulation mit dem Experiment, daß der Konzentrationsverlauf der Hauptkomponenten und einiger Zwischenspezies für die Stöchiometrien $R = 1,4$ und $R = 1,6$ zufriedenstellend wiedergegeben werden kann.
Allerdings wird die Konzentration von C_3H_4, C_4H_2 und C_6H_2, die unter experimentellen Bedingungen in signifikanten Konzentrationen nachgewiesen werden, um ein bis zwei Größenordnungen unterschätzt. Hierbei ist jedoch zu beachten, daß vor allem für höhermolekulare Spezies eine genaue Berechnung der Konzentration nicht zu erwarten ist (vgl. Abschnitt 2.3.4, S. 40). Konzentrationsmaxima in Abhängigkeit von der Stöchiometrie, die für manche Spezies, wie z.B. CH_3, berechnet werden, werden experimentell nicht

4.3 Gasphasensimulation

beobachtet.

Weitere Interpretationen dieser Ergebnisse würden Sensitivitäts- und Reaktionsflußanalysen ermöglichen, die entscheidende Spezies und Hauptreaktionswege identifizieren.

5 Zusammenfassung

Diamant ist ein außergewöhnliches Material mit vielen denkbaren Anwendungsmöglichkeiten. Die Umsetzung dieser Möglichkeiten ist bis jetzt jedoch nur bedingt gelungen, was nicht zuletzt an dem unzureichenden Verständnis des Wachstumsmechanismus liegt.

Im Rahmen dieser Arbeit wird der Abscheidungsprozeß von Diamant am Beispiel des Niederdruck-Flammen-CVD-Verfahrens untersucht. Dabei sollte herausgefunden werden, welche Gasphasenspezies entscheidenden Einfluß auf Wachstumsrate und Eigenschaften der abgeschiedenen Diamantfilme haben.

Im Gegensatz zu bisherigen Arbeiten, die in der Regel nur wenige Spezies unter einer Bedingung untersuchen, werden in diesem Fall erstmalig Abscheidungsbedingungen umfassend beschrieben und Veränderungen des Schichtwachstums und der Gasphasenzusammensetzung in Abhängigkeit von den Prozeßparametern bestimmt.

Hierfür werden Beschichtungen mit Acetylen-Sauerstoff-Argon-Flammen in Abhängigkeit vom Brenner-Substrat-Abstand (h_{sub}) und der Stöchiometrie ($R = [O_2]/[C_2H_2]$) durchgeführt und die Abscheidungsergebnisse mit Raster-Elektronen-Mikroskopie und RAMAN-Spektroskopie untersucht. Die Gasphase wird unter Abscheidungsbedingungen mit Substrat charakterisiert. Zusätzlich werden die Veränderungen durch Entfernen des Substrates und durch Variation der Stöchiometrie untersucht.

Dazu werden mit OH-LIF die Gasphasentemperatur und OH-Radikalkonzentrationen bestimmt. Mit einem 3-Photonenprozeß werden H-Atome bei 292 nm angeregt und über die nachfolgende Fluoreszenz bei 486 nm nachgewiesen. Diese Messungen werden durch Molekularstrahl-Massenspektrometrie ergänzt, mit der ein Überblick über die Konzentrationen stabiler und reaktiver Spezies in der Gasphase gegeben wird. Die gemessenen Gasphasenzusammensetzungen werden mit numerischen Simulationen der Flammenbedingungen verglichen.

Im ersten Schritt wird ermittelt, unter welchen Bedingungen Diamantwachstum stattfindet. Für $R = 1,3$ und 1,4 und $h_{sub} = 8$, 9 und 10 mm wird Diamantwachstum nachgewiesen und bei $h_{sub} = 9$ mm und $R = 1,4$ erhält man eine Wachstumsrate von $(0, 4 \pm 0, 1)$ μm/h. Abscheidungsversuche in Abhängigkeit von Beschichtungsdauer und Vorbehandlung weisen darauf hin, daß der Nukleationsprozeß über eine Carbidschicht nach einem Modell von LUX und HAUBNER[108] abläuft. Mit einer erweiterten Apparatur, die eine aktive Kontrolle der Substrattemperatur ermöglicht, jedoch nicht für die Gasphasendiagnostik geeignet ist, werden bei $R = 1,36$ und $h_{sub} = 12$ mm homogene Diamantschichten erzeugt.

Mit der Laserspektroskopie werden in der Gasphase Maximaltemperaturen von ≈ 2700 K gemessen, die nur geringfügig unter den durch adiabatische Gleichgewichtsberechnungen bestimmten Temperaturen liegen. In der Nähe des Substrats wird ein steil fallender Temperaturgradient von $\approx (1500\pm400)$ K/mm beobachtet. Die Gasphasentemperatur wird durch die Stöchiometrie nicht wesentlich beeinflußt, was sich mit dem stöchiometrieabhängigen Verlauf der adiabatischen Temperaturen deckt.

Die Bestimmungen der H-Atomfluoreszenz und der OH-Radikalkonzentration zeigen, daß die Anwesenheit des Substrats einen deutlichen Rückgang der Konzentrationen bewirkt. Im beobachteten Stöchiometriebereich steigt die Konzentration der OH-Radikale für sauerstoffreiche Bedingungen um einen Faktor 3,5 und die H-Atomfluoreszenz weist unter optimalen Abscheidungsbedingungen ein Maximum auf. Diese Beobachtungen decken sich gut mit existierenden Erklärungsmodellen zur Diamantabscheidung.

Mit Molekularstrahl-Massenspektrometrie können neben niedermolekularen Verbindungen wie CH_3 und C_2H_2 zahlreiche weitere Kohlenwasserstoffe nachgewiesen werden, die bisher nicht im Zusammenhang mit dem Diamantwachstum diskutiert wurden. Zum ersten Mal werden unter Abscheidungsbedingungen signifikante Konzentrationen an C_3-, C_4- und C_6-Spezies detektiert, unter anderem Polyacetylene, Benzol und Vorläufersubstanzen von Benzol wie beispielsweise C_3H_3.

Bei Variation des Brenner-Substrat-Abstandes können zwei verschiedene Kategorien von Konzentrationsprofilen beobachtet werden. Zum einen werden frühe Maxima und geringe Konzentrationen unter Abscheidungsbedingungen z.B. für oxidierte Kohlenwasserstoffe beobachtet. Zum anderen erhält man Konzentrationsverläufe mit einer maximaler Konzentration unter optimalen Abscheidungsbedingungen und langsamer Abnahme der Konzentration für größere Abstände. In die zweite Gruppe, die wahrscheinlich größere Bedeutung für das Diamantwachstum hat, fallen neben dem Methylradikal Benzol, Polyacetylene und verschiedene C_3- und C_4-Spezies wie C_3H_3, C_4H_3 und C_4H_4.

Abgesehen von Benzol und CH_4 wird für die Spezies dieser Gruppe ein signifikanter Abfall der Maximalkonzentration durch die Anwesenheit des Substrates beobachtet. Dagegen ändern sich die Maximalkonzentrationen vieler weiterer Substanzen der ersten Gruppe durch das Substrat kaum. Die stöchiometrieabhängigen Messungen zeigen, daß die Konzentrationen der rußbildenden Verbindungen wie C_3- und C_4-Spezies und Polyacetylene für brennstoffreichere Bedingungen um ein bis zwei Größenordnungen stärker zunehmen als die Konzentration des als Wachstumsspezies anerkannten Methylradikals.

Die Simulation der Gasphase stellt die gemessenen Konzentrationsverläufe und Maximalkonzentrationen vieler Haupt- und Zwischenspezies recht gut dar. Signifikante Unterschiede zum Experiment ergeben sich lediglich in der Berechung der Maximalkonzentrationen von C_3H_2, C_3H_4, C_4H_2 und C_6H_2. Diese Abweichungen in der absoluten Konzentration der Zwischenspezies werden ebenfalls im Rahmen der stöchiometrieabhängigen Berechnungen beobachtet und für die meisten Substanzen unter brennstoffreicheren Bedingungen verstärkt. Außer für CH_3 und CH_4 werden gemessene Konzentrationszunahmen der untersuchten Kohlenwasserstoffe für brennstoffreichere Bedingungen tendenziell richtig beschrieben.

Als Interpretation dieser Ergebnisse ist zu vermuten, daß das Diamantwachstum in einem schmalem Stöchiometriebereich stattfindet, in dem ausreichende Mengen an atomarem Wasserstoff und Methylradikalen vorhanden sind und in dem weder zu hohe Konzentrationen von OH-Radikalen noch von höheren Kohlenwasserstoffen vorliegen. Auf der brennstoffarmen Seite begrenzt dann das OH-Radikal das Diamantwachstum durch Oxidation wachstumsfördernder Gasphasenspezies und Ätzprozesse an der Schichtoberfläche. Auf der brennstoffreichen Seite führt die Bildung von Rußvorläufern und höheren Kohlenwasserstoffen zu einer verstärkten Abscheidung von sp^2-hybridisiertem Kohlenstoff und amorphen Phasen.

Insgesamt leistet diese Arbeit neben der Untersuchung des Einflusses der Stöchiometrie und des Brenner-Substrat-Abstandes auf die Diamantbildung eine detaillierte Beschreibung der Abscheidungsbedingungen, von der aus zukünftig die Einflüsse weiterer Prozeßparameter untersucht werden können.

6 Anhang

Tabelle A1: Spezieskonzentrationen mit und ohne Substrat für $R = 1,3$ (Legende siehe S. 102)

Spezies	mit Substrat		ohne Substrat		Kalibration		
	x_{max}	$h_{x_{max}}$	x_{max}	$h_{x_{max}}$	c_f	Δc_f	Methode
AR^a	48	0	48	0	1.0	1.1	Q
$C_2H_2{}^a$	23	0	23	0	0.020	1.4	Q
$O_2{}^a$	29	0	29	0	0.23	1.2	Q
$H_2{}^b$	3.1	14.2	6.3	18.8	0.020	1.5	R
CO^b	39	14.2	43	18.8	0.30	1.2	Q
CO_2	2.9	8.1	2.3	6.0	0.13	1.4	Q
CH_2	0.021	6.1	0.021	3.7	0.050	3.0	E
CH_3	0.10	7.1	0.24	2.7	0.040	3.0	E
CH_4	0.12	7.1	0.20	2.3	0.12	1.3	Q
C_3H_3	0.032	7.1	0.070	2.7	0.020	3.0	E
C_3H_4	0.11	7.1	0.15	2.3	0.040	3.0	E
C_4H_2	0.39	7.1	0.96	3.7	0.040	3.0	E
C_4H_3	0.013	8.1	0.021	3.7	0.020	3.0	E
C_4H_4	0.036	7.1	0.054	2.7	0.040	3.0	E
C_4H_6	0.0086	7.1	0.010	2.3	0.040	3.0	E
C_6H_2	0.049	8.1	0.40	3.7	0.11	3.0	E
C_6H_6	0.021	7.1	0.023	2.7	0.11	1.4	Q
CHO	0.019	6.1	0.018	1.9	0.010	3.0	E
CH_2O	0.11	6.1	0.11	1.5	0.020	3.0	E
C_2H_2O	0.14	6.1	0.10	2.3	0.040	3.0	E
$C_3H_6O^c$	0.13	4.1	0.12	1.5	0.040	3.0	E

Tabelle A2: Spezieskonzentrationen mit und ohne Substrat für $R = 1,4$ (Legende siehe S. 102)

Spezies	mit Substrat		ohne Substrat		Kalibration[d]		
	x_{max}	$h_{x_{max}}$	x_{max}	$h_{x_{max}}$	c_f	Δc_f	Methode
AR	48	0	48	0	1.0	1.1	Q
C_2H_2[a]	22	0	22	0	0.0020	1.5	Q
O_2[a]	30	0	30	0	0.043	1.3	Q
H_2[b]	3.1	14.2	5.7	19.3	0.066	1.6	R
CO[b]	39	14.2	36	19.3	0.24	1.3	Q
CO_2	3.2	11.1	2.4	7.9	0.11	1.5	Q
CH_2	0.023	6.1	0.026	3.4	0.012	3.0	E
CH_3	0.11	7.1	0.25	2.4	0.0053	3.0	E
CH_4	0.12	7.1	0.16	2.4	0.069	1.4	Q
C_3H_3	0.018	7.1	0.060	2.9	0.0039	3.0	E
C_3H_4	0.065	7.1	0.15	2.4	0.0077	3.0	E
C_4H_2	0.35	7.1	0.66	3.4	0.0046	3.0	E
C_4H_3	0.011	7.1	0.014	3.4	0.0030	3.0	E
C_4H_4	0.038	7.1	0.039	2.9	0.0055	3.0	E
C_4H_6	0.0047	6.1	-	-	-	3.0	E
C_6H_2	0.036	7.1	0.27	3.9	0.018	3.0	E
CHO	0.017	6.1	0.026	1.4	0.0067	3.0	E
CH_2O	0.099	6.1	0.13	1.4	0.0045	3.0	E
C_2H_2O	0.15	6.1	0.14	2.4	0.0065	3.0	E
C_3H_6O[c]	0.12	4.1	0.77	1.4	0.021	3.0	E

Tabelle A3: Vergleich der Simulation der Acetylen-Sauerstoff-Argon-Flamme ($R = 1,6$) mit dem Experiment (Legende siehe S. 102)

Spezies	Experiment		Simulation		Vergleich	
	x_{max}	$h_{x_{max}}$	x_{max}	$h_{x_{max}}$	$\frac{x_{exp}}{x_{sim}}$	$h_{exp} - h_{sim}$
CH_2	0.028	2.5	0.056	3.5	0.50	-1.1
CH_3	0.19	2.0	0.088	3.5	2.2	-1.5
CH_4	0.16	1.4	0.18	1.5	0.90	-0.1
C_3H_2	0.0062	2.8	0.038	3.0	0.16	-0.2
C_3H_3	0.041	2.0	0.020	2.8	2.0	-0.8
C_3H_4	0.11	1.7	0.011	1.1	11	0.6
C_4H_2	0.32	2.8	0.044	2.8	7.2	0.1
C_4H_3	0.010	2.5	0.0024	3.0	4.2	-0.6
C_4H_4	0.025	2.0	0.0097	1.3	2.6	0.8
C_6H_2	0.11	2.8	0.0011	3.0	97	-0.2

Legende zu den Tabellen A1 bis A3

x_{max}	≙	Maximalkonzentration [%]
h_{max}	≙	Entfernung der maximalen Konzentration von der Brenneroberfläche [mm]
x_{exp}/x_{sim}	≙	Experimentelle Maximalkonzentration dividiert durch berechnete Maximalkonzentration
$h_{exp} - h_{sim}$	≙	Differenz zwischen experimentell bestimmter und berechneter Position der Maximalkonzentration. Positive Werte bedeuten, daß das experimentell beobachtete Maximum weiter von der Brenneroberfläche entfernt ist. [mm]
c_f	≙	Kalibrationsfaktor (vgl. Abschnitt 3.4, S. 53)
Δc_f	≙	Fehler des Kalibrationsfaktors c_f. Durch Multiplikation bzw. Division erhält man die obere bzw. untere Fehlergrenze der Konzentration.
Q	≙	Kaltgaskalibration
R	≙	RAMAN-Spektroskopie
E	≙	Abschätzung nach BIORDI[21]
a	≙	Für AR, C_2H_2 und O_2 werden die Ausgangskonzentrationen angegeben.
b	≙	Der Konzentrationsverlauf ist im Rahmen der Fehlergrenzen eine monoton steigende Funktion. Für x_{max} und h_{max} wird jeweils der maximale Wert angegeben.
c	≙	Der Konzentrationsverlauf ist im Rahmen der Fehlergrenzen eine monoton fallende Funktion. Für x_{max} der maximal gemessene Wert und für h_{max} die Entfernung des niedrigsten Meßpunktes zur Brenneroberfläche angeben.
d	≙	Die Kalibrationsfaktoren beziehen sich nur auf die Messungen ohne Substrat. Für die Messungen mit Substrat gelten die Kalibrationsfaktoren in Tabelle A1.

Tabelle A4: Transportdaten, um die die Daten von MILLER und MELIUS für die Simulationen erweitert werden (vgl. Abschnitt 3.5, S. 54)

Spezies	a	b	c	d	e	f	g
C_5H_5	2	357.000	5.180	0.000	0.000	1.000	C_5H_3
$HCCHCCH$	2	357.000	5.180	0.000	0.000	1.000	C_5H_3
$H_2CCCCCH$	2	357.000	5.180	0.000	0.000	1.000	C_5H_3
$C_6H_5C_2H$	2	412.300	5.349	0.000	0.000	1.000	C_6H_6
C_6H_4	2	412.300	5.349	0.000	0.000	1.000	C_6H_5
$OCHCHO$	2	498.000	3.590	0.000	0.000	2.000	CH_2O
CH_2HCO	2	498.000	3.590	0.000	0.000	2.000	CH_2O
CH_3HCO	2	498.000	3.590	0.000	0.000	2.000	CH_2O
CH_3O_2	2	417.000	3.690	1.700	0.000	2.000	CH_3O
CH_3OOH	2	417.000	3.690	1.700	0.000	2.000	CH_3O
CH_2CN	2	569.000	3.630	0.000	0.000	1.000	HCN
CH_3CN	2	569.000	3.630	0.000	0.000	1.000	HCN
$HONO$	2	232.400	3.828	0.000	0.000	1.000	$HOCN$
NO_3	2	200.000	3.500	0.000	0.000	1.000	NO_2

a ≙ Index, der anzeigt, ob es sich um ein Atom, ein lineares oder ein gewinkeltes Molekül handelt. „0" steht für atomar, „1" für linear und „2" für gewinkelt

b ≙ Tiefe des LENNARD-JONES-Potential ε/k_b [K]

c ≙ Stoßquerschnitt des LENNARD-JONES-Potentials σ [Å]

d ≙ Dipolmoment μ [D ≙ $3,33564 * 10-30$ Cm]

e ≙ Polarisierbarkeit α [Å^3]

f ≙ Stoßzahl der Rotationsrelaxation Z_{rot} bei 298K

g ≙ Spezies, von der die Transportdaten übernommen wurden.

Tabelle A5: Thermodynamische Daten, um die die Daten von MILLER und MELIUS für die Simualtionen erweitert werden (vgl. Abschnitt 3.5)

Spezifische Wärmekapazität $(c_p/N_a k)$, Enthalpie $(H^0/N_a kT)$ und Entropie (S^0/R) sind über die Koeffizienten der Polynome in den Gleichungen A1 - A3 (vgl. S. 105) definiert. Die Datenbasis enthält jeweils sieben Koeffizienten für zwei Temperaturbereiche. Zusätzlich enthält der Datensatz die untere Grenze des niedrigeren Temperaturbereiches (T_{min}), die obere Grenze des höhern Temperaturbereiches (T_{max}) und die Temperatur (T_c), die beide Bereiche trennt. Darüberhinaus ist der Aggregatzustand der Spezies (g,l,s für gasförmig, flüssig und fest) angegeben.

Spezies	$H_2CCCCCH$	$HCCCHCCH$	C_5H_5
Aggregatzustand	g	g	g
T_{min}	300.00	300.00	300.00
T_{max}	5000.00	5000.00	5000.00
T_c	1000.00	1000.00	1000.00
a_1	.0787622E+01	1.0787622E+01	9.6898150E+00
a_2	9.5396190E-03	9.5396190E-03	1.8382620E-02
a_3	-3.2067440E-06	-3.2067440E-06	-6.2648840E-06
a_4	4.7333230E-10	4.7333230E-10	9.3933770E-10
a_5	-2.5121350E-14	-2.5121350E-14	-5.0877080E-14
a_6	6.3929040E+04	6.3929040E+04	1.1021242E+04
a_7	-3.0054440E+01	-3.0054440E+01	-3.1229080E+01
a_8	4.3287200E+00	4.3287200E+00	-3.1967390E+00
a_9	2.3524800E-02	2.3524800E-02	4.0813610E-02
a_{10}	-5.8567230E-06	-5.8567230E-06	6.8165050E-07
a_{11}	-1.2154494E-08	-1.2154494E-08	-3.1374590E-08
a_{12}	7.7264780E-12	7.7264780E-12	1.5772230E-11
a_{13}	6.5885310E+04	6.5885310E+04	1.5290676E+04
a_{14}	4.1732580E+00	4.1732580E+00	3.8699380E+01

$a_1 - a_7$ ≙ Koeffizienten für niedrigeren Temperaturbereich

$a_8 - a_{14}$ ≙ $a_1 - a_7$ aus den Gleichungen $A1 - A3$ für höheren Temperaturbereich

$$\frac{c_p}{N_a k} = a_1 + a_2 T + a_3 T^2 + a_4 T^3 + a_5 T^4 \tag{A1}$$

$$\frac{H^0}{N_a kT} = a_1 + \frac{a_2}{2}T + \frac{a_3}{3}T^2 + \frac{a_4}{4}T^3 + \frac{a_5}{5}T^4 + \frac{a_6}{T} \tag{A2}$$

$$\frac{S^0}{N_a kT} = a_1 \ln T + a_2 T + \frac{a_3}{2}T^2 + \frac{a_4}{3}T^3 + \frac{a_5}{5}T^4 + a_7 \tag{A3}$$

Literatur

[1] AGRUP, S., OSSLER, F. UND ALDEN, M. Measurements of collisional quenching of hydrogen atoms in an atmospheric-pressure hydrogen oxygen flame by a picosecond laser-induced fluorescence. *Appl. Phys. B 61* (1995), 479–478.

[2] AJJI, Z., BUCK, M. UND WÖLL, C. Diamond nucleation by seeding from the gas phase. *Appl. Phys. Lett. 67*, (1995), 3898–3900.

[3] ALDEN, M., SCHAWLOW, A. L., SVANBERG, S., WENDT, W. UND P.-L-ZHANG. Three-photon excited fluorescence detection of atomic hydrogen in an atmospheric-pressure flame. *Opt. Lett. 9*, (1984), 211–213.

[4] ANGUS, J., WILL, H. UND STANKO, W. Growth of diamond seed crystals by vapor deposition. *J. Appl. Phys. 39*, (1968), 2915–2922, Erratum S. 5818.

[5] ANGUS, J. C., ARGOITIA, A., GAT, R., LI, Z., SUNKARA, M., WANG, L. UND WANG, Y. Chemical vapour deposition of diamond. *Phil. Trans. R. Soc. London A 342* (1993), 195–208.

[6] ASHFOLD, M., MAY, P., REGO, C. UND EVERITT, N. Thin film diamond by chemical vapour deposition methods. *Chem. Soc. Rev.* (1994), 21–30.

[7] ATAKAN, B., BEUGER, M. UND KOHSE-HÖINGHAUS, K. Nitrogen compounds and their influence on diamond deposition in flames. *Phys. Chem. Chem. Phys. 1* (1999), 705–708.

[8] ATAKAN, B., HARTLIEB, A. T., BRAND, J. UND KOHSE-HÖINGHAUS, K. An experimental investigation of premixed fuel-rich low-pressure propene/oxygen/argon flames by laser spectroscopy and molecular beam mass spectrometry. In *Twenty-Seventh Symposium (International) on Combustion* (Pittsburgh, 1998), The Combustion Institute, 435–444.

[9] ATAKAN, B., HEINZE, J. UND MEIER, U. *OH* laser-induced fluorescence at high pressures: Spectroscopic and two-dimensional measurements exciting the A-X (1,0) transition. *Appl. Phys. B 64*, (1997), 585–591.

[10] ATAKAN, B., LUMMER, K. UND KOHSE-HÖINGHAUS, K. Diamond in acetylene/oxygen flames: Nucleation and early growth for different pretreatment procedures of molybdenum substrates. *Phys. Chem. Chem. Phys.* (1999), Zur Veröffentlichung eingereicht.

[11] BACHMANN, P. K. UND LINZ, U. Diamant aus heißen Gasen. *Spektrum der Wissenschaft* (September 1992), 30–41.

[12] BACHMANN, P. K. UND VAN ENCKEVORT, W. Diamond deposition technologies. *Diamond Related Mater. 1* (1992), 1021–1034.

[13] BARRETT, C. UND MASSALSKI, T. *Structure of Metals: Crystallographic methods, principles and data*, 3. Aufl., Bd. 35 von *International series on materials science and technology*. Pergamon Press, Oxford, 1980.

[14] BASTIN, E., DELFAU, J.-L., REULLION, M., VOVELLE, C. UND WARNATZ, J. Experimental and computational investigation of the structure of a sooting $C_2H_2-O_2-Ar$ flame. In *Twenty-Second Symposium (International) on Combustion* (Pittsburgh, 1988), The Combustion Institute, 313–322.

[15] BELTON, D. UND SCHMIEG, S. Nucleation of chemically vapor deposited diamond on platinum and nickel. *Thin Solid Films 212*, (1992), 68–80.

[16] BERGMANN, U. Diamantschichten aus der Acetylen-Flamme - Darstellung und Charakterisierung. Diplomarbeit, Fakultät für Chemie, Universität Bielefeld, Mai 1996.

[17] BERGMANN, U., LUMMER, K., ATAKAN, B. UND KOHSE-HÖINGHAUS, K. Flame deposition of diamond films: An experimental study of the effects of stiochiometry, temperature, time and the influence of acetone. *Ber. Bunsenges. Phys. Chem. 102*, (1998), 906–914.

[18] BERTAGNOLLI, K. E. UND LUCHT, R. P. Temperature profile measurements in stagnation-flow, diamond-forming flames using hydrogen CARS spectroscopy. In *Twenty-Sixth Symposium (International on Combustion* (Pittsburgh, 1996), The Combustion Institute, 1825–1833.

[19] BERTAGNOLLI, K. E., LUCHT, R. P. UND BUI-PHAM, M. N. Atomic hydrogen concentration profile measurements in stagnation-flow diamond-

forming flames using three-photon excitation laser-induced fluorescence. *J. Appl. Phys. 83*, (1998), 2315–2326.

[20] BEUGER, M. Untersuchung des Einflusses von Additiven auf die Abscheidung von Diamant aus der Flamme. Diplomarbeit, Fakultät für Chemie, Universität Bielefeld, Jul. 1997.

[21] BIORDI, J. C. Molecular beam mass spectrometry for studying the fundamental chemistry of flames. *Prog. Energy Combust. Sci. 3* (1977), 151–173.

[22] BITTNER, J. UND HOWARD, J. Composition profiles and reaction mechanisms in a near-sooting premixed benzene/oxygen/argon flame. In *Eighteenth Symposium (International) on Combustion* (Pittsburgh, 1980), The Combustion Institute, 1105–1116.

[23] BITTNER, J., KOHSE-HÖINGHAUS, K., MEIER, U., KELM, S. UND JUST, T. Determination of absolute H atom concentrations in low-pressure flames by two-photon laser-excited fluorescence. *Combust. Flame 71* (1988), 41–50.

[24] BOCKHORN, H. *Soot formation in Combustion*, Bd. 59 von *Chemical Physics*. Springer-Verlag, 1994.

[25] BOESL, U., WEINKAUF, R. UND SCHLAG, E. Reflectron time-of-flight mass spectrometry and laser excitation for the analysis of neutrals, ionized molecules and secondary fragments. *Int. J. Mass Spectrom. Ion Process. 112* (1992), 121–166.

[26] BÖHM, H., JANDER, H. UND TANKE, D. PAH growth and soot formation in the pyrolysis of acetylene and benzene at high temperatures and pressures: Modeling and experiment. In *Twenty-seventh Symposium (International) on Combustion* (Pittsburgh, 1998), The Combustion Institute, 1605–1612.

[27] BRAND, J. Untersuchung von Verbrennungsprozessen mit Massenspektrometrie und Laserspektroskopie. Diplomarbeit, Fakultät für Chemie, Universität Bielefeld, Feb. 1997.

[28] BRINKMANN, E., RAICHE, G., BROWN, M. UND JEFFRIES, J. Optical diagnostics for temperature measurement in a DC arcjet reactor used for diamond deposition. *Appl. Phys. B* **64** (1997), 689–697.

[29] BRONŠTEIN, I. UND SEMENDJAEV, K. *Taschenbuch der Mathematik*, 27. Aufl. Teubner Verlagsgesellschaft, Leipzig, 1987.

[30] BUTLER, J. E. UND WOODIN, R. L. Thin film diamond growth mechanisms. *Phil. Trans. R. Soc. London A* **342** (1993), 209–224.

[31] CAPPELLI, M. UND LOH, M. In-situ mass sampling during supersonic arcjet synthesis of diamond. *Diamond Related Mater.* **3** (1994), 417–421.

[32] CELII, F. UND BUTLER, J. Diamond chemical vapour deposition. *Annu. Rev. Phys. Chem.* **43** (1991), 643.

[33] CELII, F. UND BUTLER, J. Diamond chemical vapor deposition. *Naval Res. Rev.* **44**, (1992), 23–44.

[34] CELII, F. UND BUTLER, J. Direct monitoring of CH_3 in a filament-assisted diamond chemical vapor deposition reactor. *J. Appl. Phys.* **71**, (1992), 2877–2883.

[35] CHU, C., D'EVELYN, M., HAUGE, R. UND MARGRAVE, J. Mechanism of diamond growth by chemical vapor deposition on diamond (100), (111), and (110) surfaces: Carbon-13 studies. *J. Appl. Phys.* **70**, (1991), 1695–1705.

[36] CLAUSING, R., L.L.HORTON, ANGUS, J. UND KOIDL, P., Hrsg. *Diamond and Diamond-like Films and Coatings*. Plenum Press, New York, 1991.

[37] CONNELL, L. L., FLEMING, J. W., CHU, H.-N., VESTYCK, D. J., JENSEN, E., UND BUTLER, J. E. Spatially resolved atomic hydrogen concentrations and molecular hydrogen temperature profiles in the chemical-vapor deposition of diamond. *J. Appl. Phys.* **78**, (1995), 3622–3634.

[38] DANDY, D. S. UND COLTRIN, M. *Diamond thin films handbook*. Marcel Dekker, Inc, 1999, Kap. 4, Bisher nur im Internet veröffentlicht: „http://stokes.lance.colostate.edu:80/PubsList.html".

[39] DERJAGIN, B. UND FEDOSEEV, D. Growth of diamond and graphite from the gasphase. *Nauka, Moskau* (1977). Englische Übersetzung in SURFACE COATINGS TECHNOL. 38, (1989), 131–250.

[40] DERJAGIN, B., SPITZYN, B., GORODETSKY, A., ZAKHAROV, A. UND NAZAROVA, R. *Dokl. Akad. Nauk. SSSR 213* (1973), 1059.

[41] DESGROUX, P., GASNOT, L., PAUWELS, J. UND SOCHET, L. Correction of LIF temperature measurements of laser absorption and fluorescence trapping in a flame. Application to the thermal perturbation study induced by a sampling probe. *Appl. Phys. B 61*, (1997), 401–407.

[42] D'EVELYN, M., CHU, C., HAUGE, R. UND MARGRAVE, J. Mechanism of diamond growth by chemical vapor deposition: Carbon-13 studies. *J. Appl. Phys. 71*, (1992), 1528–1530.

[43] DIEKE, G. UND CROSSWHITE, H. The ultraviolet bands of OH. *J. Quant. Spectrosc. Radiat. Transfer 2* (1962), 97–199.

[44] DISCHLER, D. UND WILD, C., Hrsg. *Low-pressure synthetic diamond.* Springer series in materials processing. Springer Verlag, Berlin, 1998.

[45] DOUTÉ, C., DELFAU, J.-L., AKRICH, R. UND VOLVELLE, C. Experimental study of the chemical structure of low-pressure premixed n-Heptane-O_2-Ar and Iso-Octane-O_2-Ar flames. *Combust. Sci. Techn. 124* (1997), 249–276.

[46] ECKBRETH, A. *Laser Diagnostics for Combustion Temperature and Species*, 2. Aufl., Bd. 3 von *Combustion Science and Technology book series*. Gordon and Breach Science Publishers, Amsterdam, Holland, 1988.

[47] EVERSOLE, W. U.S. Pat.No. 3030187 und 3030188, 1962.

[48] FOORD, J. S., LOH, K. P. UND JACKMAN, R. B. Surface studies of the reactivity of methyl, acetylene and atomic hydrogen at CVD diamond surfaces. *Surface Sci. 399* (1998), 1–14.

[49] FRENKLACH, M., HOWARD, W., HUANG, D., YUAN, J., SPEAR, K. UND KOBA, R. Induced nucleation of diamond powder. *Appl. Phys. Lett. 59*, (1991), 546–548.

[50] FRENKLACH, M., KEMATICK, R., HUANG, D., HOWARD, W., SPEAR, K., PHELPS, A., UND KOBA, R. Homogeneous nucleation of diamond powder in the gas phase. *J. Appl. Phys. 66*, (1989), 395–399.

[51] FRENKLACH, M. UND SPEAR, K. Growth mechanism of vapor-deposited diamond. *J. Mater. Res. 3*, (1988), 133–140.

[52] FRENKLACH, M. UND WANG, H. Detailed surface and gas-phase chemical kinetics of diamond deposition. *Phys. Rev. B 43*, (1991), 1520–1545.

[53] GARDINER JR., W., Hrsg. *Combustion Chemistry*. Springer-Verlag, New York, 1984.

[54] GICQUEL, A., HASSOUNI, K., FARHAT, S., BRETON, Y., SCOTT, C., LEFEBVRE, M. UND PEALAT, M. Spectroscopic analysis and chemical kinetics modeling of a diamond deposition plasma reactor. *Diamond Related Mater. 3* (1994), 581–586.

[55] GLASSMAN, I. *Combustion*, 2. Aufl. Academic Press, Inc., Orlando, Florida, 1987.

[56] GLUMAC, N. G. UND GOODWIN, D. G. Diagnostics and modeling of strained fuel-rich acetylene / oxygen flames used for diamond deposition. *Combust. Flame 105* (1996), 321–331.

[57] GOLDSMITH, J. Two-step saturated fluorescence detection of atomic hydrogen in flames. In *Laser Spectroscopy VII. Proceedings of the Seventh International Conference* (Berlin, 1985), T. Hansch and Y. Shen, Hrsg., Sandia Nat. Labs., Springer-Verlag, 410–411.

[58] GOLDSMITH, J. UND LAURENDEAU, N. Single-laser two-step fluorescence detection of atomic hydrogen in flames. *Opt. Lett. 15*, (1990), 576–578.

[59] GOLDSMITH, J. E. Multiphoton-excited fluorescence measurements of atomic hydrogen in low-pressure flames. In *Twenty-Second Symposium (International) of Combustion* (Pittsburgh, 1988), The Combustion Institute, 1403–1411.

[60] GOODWIN, D. G. Scaling laws for diamond chemical-vapor deposition. I. Diamond surface chemistry. *J. Appl. Phys. 74*, (1993), 6888–6894.

[61] GOODWIN, D. G. Scaling laws for diamond chemical-vapor deposition. II. Atomic hydrogen transport. *J. Appl. Phys. 74*, (1993), 6895–6906.

[62] GOODWIN, D. G., GLUMAC, N. G. UND SHIN, H. S. Diamond thin film deposition in low-pressure premixed flames. In *Twenty-Sixth Symposium (International) on Combustion* (Pittsburgh, 1996), The Combustion Institute, 1817–1824.

[63] GORDON, S. UND MCBRIDE, B. Computer program for calculation of complex chemical equilibrium compositions, rocket performance, incident and reflected shocks and chapman-jouguet detonations. Tech. Rep. NASA SP-273, 1971.

[64] HARRIS, S. UND GOODWIN, D. Growth on the reconstructed diamond (100) surface. *J. Phys. Chem. 97*, (1993), 23–28.

[65] HARRIS, S. UND WEINER, A. Diamond growth rates vs. acetylene concentrations. *Thin Solid Films 212*, (1992), 201–205.

[66] HARRIS, S. J., SHIN, H. S. UND GOODWIN, D. G. Diamond films from combustion of methyl acetylene and propadiene. *Appl. Phys. Lett. 66*, (1995), 891–893.

[67] HARTLIEB, A. Stoßinduzierte Energietransferprozesse am OH-Radikal. Diplomarbeit, Fakultät für Chemie, Universität Bielefeld, Jan. 1996.

[68] HAUSMANN, M. UND HOMANN, K. H. Scavenging of hydrocarbon radicals from flames with dimethyl disulfide. *Ber. Bunsenges. Phys. Chem. 99*, (1995), 853–862.

[69] HAUSMANN, M. UND HOMANN, K. H. Scavenging of hydrocarbon radicals from flames with dimethyl disulfide. *Ber. Bunsenges. Phys. Chem. 101*, (1997), 651–667.

[70] HAYASHI, K., YAMANAKA, S., OKUSHI, H. UND KUJIMURA, K. Homoepitaxial diamond films with large terraces. *Appl. Phys. Lett. 68*, (1996), 1220–1222.

[71] HIRSCHFELDER, J., CURTIS, C. UND BIRD, R. *Molecular Theory of Gases and Liquids.* Wiley, New York, 1964.

[72] HOMANN, K., MOCHIZUKI, M. UND WAGNER, H. Über den Reaktionsablauf in fetten Kohlenwasserstoff-Sauerstoff-Flammen I. *Z. Phys. Chem. (München)* **37** (1963), 299–313.

[73] HOMANN, K. H. UND WAGNER, H. G. Untersuchung des Reaktionsablaufs in fetten Kohlenwasserstoff-Sauerstoff-Flammen. *Ber. Bunsenges. Phys. Chem.* **69**, (1965), 20–35.

[74] HOWARD, W., HUANG, D., YUAN, J., FRENKLACH, M., SPEAR, K., KOBA, R. UND PHELPS, A. Synthesis of diamond powder in acetylene oxygen plasma. *J. Appl. Phys.* **68**, (1990), 1247–1251.

[75] HUNG, W.-C., HUANG, M.-L., LEE, Y.-C. UND LEE, Y.-P. Detection of CH in an oxyacetylene flame using two-color resonant four-wave mixing technique. *J. Chem. Phys.* **103**, (1995), 9941–9946.

[76] IOANOVICIU, D. Ion-optical solutions in time-of-flight mass spectrometry. *Rapid Commun. Mass Spectrom.* **9** (1995), 985–997.

[77] JOHNSON, C., WEIMER, W. UND CERIO, F. Efficiency of methane and acetylene in forming diamond by microwave plasma assisted chemical vapor deposition. *J. Mater. Res.* **7**, (1992), 1427–31.

[78] JUCHMANN, W., LUQUE, J. UND JEFFRIES, J. Atomic hydrogen concentration in a diamond deposition dc arcjet determined by calorimetry. *J. Appl. Phys.* **81**, (1997), 8052–8056.

[79] JUCHMANN, W., LUQUE, J. UND JEFFRIES, J. Spatial density distributions of C_2, C_3, and CH radicals by laser-induced fluorescence in a diamond depositing dc-arcjet. *J. Appl. Phys.* **82**, (1997), 2072–2081.

[80] KAMINSKY, C. F., HUGHES, I. G. UND EWART, P. Degenerate four-wave mixing spectroscopy and spectral simulation of C_2 in an atmospheric pressure oxy-acetylene flame. *J. Chem. Phys.* **106**, (1997), 5324–5332.

[81] KATOH, M., AOKI, M. UND KAWARADA, H. Plasma-enhanced diamond nucleation on Si. *Jpn. J. Appl. Phys. Lett. A* **33**, (1994), L194–196.

[82] KEE, R., DIXON-LEWIS, G., WARNATZ, J., COLTRIN, M. UND MILLER, J. A FORTRAN computer code package for the evaluation of gas-phase

multicomponent transport properties. Rep. SAND86-8246, Sandia Nat. Labs., Jul. 1992.

[83] KEE, R., RUPLEY, F. UND MILLER, J. The CHEMKIN thermodynamic data base. Rep. SAND-8215B (Überarbeitung von SAND87-8215), Sandia Nat. Labs., Okt. 1992.

[84] KEE, R.-J., GRCAR, J., SMOOKE, M. UND MILLER, J. A FORTRAN program for modeling steady laminar one-dimensional premixed flames. Rep. SAND85-8240, Sandia Nat. Labs., Jan. 1993.

[85] KEE, R. J., RUPLEY, F. M. UND MILLER, J. A. CHEMKIN-II: A FORTRAN package for the analysis of gas-phase chemical kinetics. Rep. SAND89-8009B, Sandia Nat. Labs., 1882.

[86] KIENLE, R. *Experiment und Modellentwicklung zum Einfluß des stoßinduzierten Energietransfers auf die laserinduzierte Fluoreszenz von OH $A^2\Sigma^+$ unter Flammenbedingungen.* Dissertation, Fakultät für Physik, Universität Bielefeld, Jul. 1994.

[87] KIM, J. UND CAPELLI, M. Diamond film synthesis in low pressure premixed flames of different fuel types. *Surface Coatings Technol. 76-77* (1995), 791–796.

[88] KIM, J. S. UND CAPPELLI, M. A. A model of diamond growth in low pressure premixed flames. *J. Appl. Phys. 72*, (1992), 5461–5466.

[89] KIM, J. S. UND CAPPELLI, M. A. An experimental study of the temperature and stoichiometry dependence of diamond growth in low pressure flat flames. *J. Mater. Res. 10*, (1995), 149–157.

[90] KLAUS, P. *Entwicklung eines detaillierten Reaktionsmechanismus zur Modellierung der Bildung von Stickoxiden in Flammenfronten.* Dissertation, Karl-Ruprechts-Universität Heidelberg, 1997.

[91] KLEIN-DOUWEL, R. *Laser diagnostics in a diamond growing flame.* Dissertation, Katholieke Universiteit Nijmegen, Nov. 1997.

[92] KLEIN-DOUWEL, R. J., SPAANJAARS, J. J. UND TER MEULEN, J. J. Two dimensional distributions of C_2, CH, and OH in a diamond oxyacetylene flame measured by laser induced fluorescence. *J. Appl. Phys. 78*, (1995), 2086–2096.

[93] KOHSE-HÖINGHAUS, K. Laser techniques for the quantitative detection of reactive intermediates in combustion systems. *Prog. Energy Combust. Sci. 20* (1994), 203–279.

[94] KOHSE-HÖINGHAUS, K., HEIDENREICH, R. UND JUST, T. Determination of absolute OH and CH concentrations in a low pressure flame by laser-induced saturated fluorescence. In *Twenty-second Symposium (International) on Combustion* (Pittsburgh, 1984), The Combustion Institute, 1177–1185.

[95] KOHSE-HÖINGHAUS, K., JEFFRIES, J. B., COPELAND, R. A., SMITH, G. P. UND CROSLEY, D. R. The quantitative LIF determination of OH concentrations in low-pressure flames. In *Twenty-Second Symposium (International) on Combustion* (Pittsburgh, 1988), The Combustion Institute, 1857–1866.

[96] LAMBRECHT, W. R. L., LEE, C. H., SEGALL, B., ANGUS, J. C., LI, Z. UND SUNKARA, M. Diamond nucleation by hydrogenation of the edges of graphitic precursors. *Nature 364* (August 1993), 607–610.

[97] LEE, M., KIENLE, R. UND KOHSE-HÖINGHAUS, K. Measurements of rotational energy transfer and quenching in OH $A^2\Sigma^+$, v'=0 at elevated temperatures. *Appl. Phys. B 58* (1994), 447–457.

[98] LEHMANN, W.-D. Physikalische Methoden in der Chemie: Massenspektrometrie I. *Chemie i. u. Zeit 25*, (1991), 183–194.

[99] LI, Z., WANG, L., SUZUKI, T., ARGOITIA, A., PIROUZ, P. UND ANGUS, J. Orientation relationship between chemical vapor deposited diamond and graphite substrates. *J. Appl. Phys. 73*, (1993), 711–715.

[100] LINDSTEDT, P. Modeling of the chemical complexities of flames. In *Twenty-Seventh Symposium (International) on Combustion* (Pittsburgh, 1998), The Combustion Institute, 269–285.

[101] LINDSTEDT, R. P. UND SKEVIS, G. Chemistry of acetylene flames. *Combust. Sci. Techn. 125* (1997), 73–137.

[102] LIU, H. UND DANDY, D. Studies on nucleation process in diamond CVD: An overview of recent developments. *Diamond Related Mater. 4* (1995), 1173–1188.

[103] LOH, M. UND CAPPELLI, M. CH_3 detection in a low-density supersonic arcjet plasma during diamond synthesis. *Appl. Phys. Lett.* 70, (1997), 1052–1054.

[104] LUCHT, R., SALMON, J., KING, G., SWEENEY, D. UND LAURENDEAU, N. Two-photon-excited fluorescence measurement of hydrogen atoms in flames. *Opt. Lett.* 8, (1983), 365–367.

[105] LUMMER, K. Untersuchung physikalisch-chemischer Parameter der Diamant-Abscheidung aus Flammen. Diplomarbeit, Fakultät für Chemie, Universität Bielefeld, Nov. 1996.

[106] LUQUE, J. UND CROSLEY, D. R. Absolute CH concentrations in low-pressure flames measured with laser-induced fluorescence. *Appl. Phys. B 63* (1996), 91–98.

[107] LURIE, P. UND WILSON, J. The diamond surface I. The structure of the clean surface and the interaction with gases and metals. *Surface Sci.* 65, (1977), 453–75.

[108] LUX, B. UND HAUBNER, R. *Nucleation and growth of low-pressure diamond.* In Clausing et al.[36], 1991, 579.

[109] MARTIN, L. UND HILL, M. A flow-tube study of diamond film growth: Methane versus acetylene. *J. Mater. Sci. Lett.* 9, (1990), 621–623.

[110] MEEKS, E., KEE, R. J., DANDY, D. UND COLTRIN, M. E. Computational simulation of diamond chemical vapor deposition in premixed $C_2H_2/O_2/H_2$ and CH_4/O_2-strained flames. *Combust. Flame 92* (1993), 144–160.

[111] MILLER, D. *Atomic and Molecular Beam Methods.* Oxford University Press, 1988.

[112] MILLER, J. private Mitteilung (jamille@sandia.gov), 1999.

[113] MILLER, J. A. UND MELIUS, C. F. Kinetic and thermodynamic issues in the formation of aromatic compounds in flames of aliphatic fuels. *Combust. Flame 91* (1992), 21–39.

[114] MITURA, S. Nucleation of diamond powder particles in an RF methane plasma. *J. Cryst. Growth 80*, (1987), 417–424.

[115] NAJM, H. N., PAUL, P. H., MUELLER, C. J. UND WYCKOFF, P. S. On the adequacy of certain experimental observables as measurements of flame burning rate. *Combust. Flame 113* (1998), 312–332.

[116] NISTOR, L., VAN LANDUYT, J., RALCHENKO, V., OBRAZTSOVA, E. UND SMOLIN, A. Nanocrystalline diamond films: Transmission electron microscopy and RAMAN spectroscopy characterization. *Diamond Related Mater. 6* (1997), 159–168.

[117] OHTAKE, N., KURIYAMA, Y., YOSHIKAWA, M., OBANA, H., KITO, M. UND SAITO, H. Development of arc discharge plasma apparatus for high rate synthesis of diamond. *J. Jpn. Soc. Prec. Eng. 55*, (1989), 2163–2168.

[118] PAUL, P. H. A model for temperature-dependent collisional quenching of OH $A^2\Sigma^+$. *J. Quant. Spectrosc. Radiat. Transfer 51*, (1994), 521–524.

[119] PAUL, P. H. Vibrational energy transfer and quenching of OH $A^2\Sigma^+$(v'=1) measured at high temperatures in a shock tube. *J. Phys. Chem. 99* (1995), 8472–8476.

[120] PRESS, W. UND VETTERLING, W. *Numerical recipes.* Cambridge University Press, 1986.

[121] PURI, R., SANTORO, R. UND SMYTH, K. The oxidation of soot and carbon monoxide in hydrocarbon diffusion flames. *Combust. Flame 97* (1994), 125–144.

[122] RAICHE, G. UND JEFFRIES, J. Observation and spatial distribution of C_3 in a DC arcjet plasma during diamond deposition using laser-induced fluorescence. *Appl. Phys. B 64* (1997), 593–597.

[123] RAMASWAMY, C. The RAMAN effect of diamond. *Ind. J. Phys. 5* (1930), 97–104.

[124] RUF, B. private Mitteilung, weitere Informationen bei F. Behrendt (behrendt@iwr.uni-heidelberg.de), 1997.

[125] RUF, B. *Simulation der Diamantabscheidung aus der Gasphase in Flammen und Heißdrahtreaktoren.* Dissertation, Ruprecht-Karls-Universität Heidelberg, Okt. 1997.

[126] RUF, B., BEHRENDT, F., DEUTSCHMANN, O. UND WARNATZ, J. Simulation of homoepitaxial growth on the diamond (100) surface using detailed reaction mechanisms. *Surface Sci. 352-354* (1996), 602–606.

[127] RUF, B., BEHRENDT, F., DEUTSCHMANN, O. UND WARNATZ, J. Simulation of reactive flow in filament-assisted diamond growth including hydrogen surface chemistry. *J. Appl. Phys. 79*, (1996), 7256–7263.

[128] SCHRADER, B. RAMAN-/IR-Atlas organischer Verbindungen. Verlag Chemie, Weinheim, 1975.

[129] SHIN, H., GLUMAC, N. UND GOODWIN, D. Large area diamond film growth in a low pressure flame. In *Advances in New Diamond Science and Technology* (Tokyo, 1994), S. Saito, N. Fujimori, O. Fukunaga, M. Kamo, K. Kobashi, and M. Yoshikawa, Hrsg., Fourth International Conference on New Diamond Science and Technology, MYU, 27–30.

[130] SHIN, H. UND GOODWIN, D. Diamond growth in premixed propylene-oxygen flames. *Appl. Phys. Lett. 66*, (1995), 2909–2911.

[131] SICK, V., ARNOLD, A., DIESSEL, E., DREIER, T., KETTERLE, W., LANGE, B., WOLFRUM, J., THIELE, K., BEHRENDT, F. UND WARNATZ, J. Two-dimensional laser diagnostics and modeling of counterflow diffusion flames. In *Twenty-Third Symposium (International) on Combustion* (Pittsburgh, 1990), The Combustion Institute, 495–501.

[132] SINGH, J. Nucleation and growth mechanism of diamond during hot-filament chemical vapour deposition. *J. Mater. Sci. 29* (1994), 2761–2766.

[133] SPEAR, K. L. Diamond - ceramic coating of the future. *J. Am. Ceramic Soc. 72*, (1989), 171–191.

[134] SPECHT, E., CLAUSING, R. UND HEATHERLY, L. X-ray and optical characterization of three growth morphologies of CVD diamond films. *J. Cryst. Growth 114*, (1991), 38–46.

[135] STONER, B., MA, G.-H., WOLTER, S. UND GLASS, J. Characterization of bias-enhanced nucleation of diamond on silicon by in vacuo surface analysis and transmission electron microscopy. *Phys. Rev. B 45*, (1992), 11067–11084.

[136] TAN, T., DAGAUT, P., CATHONNET, M., BOETTNER, J., BACHMAN, J. UND CARLIER, P. Neutral gas and blends oxidation and ignition: Experiments and modeling. In *Twenty-Fifth Symposium (International) on Combustion* (Pittsburgh, 1994), The Combustion Institute, 1563–1569.

[137] TRAUTMANN, R., GRIFFIN, B. J. UND SCHARF, D. Mikrodiamanten. *Spektrum der Wissenschaft* (Jan. 1999), 32–37.

[138] TSUNO, T., IMAI, T., NISHIBAYASHI, Y., HAMADA, K. UND FUJIMORI, N. Epitaxially grown diamond (001) $2x1/1x2$ surface investigated by scanning tunneling micoscopy in air. *Jpn. J. Appl. Phys. 30*, (1991), 1063–1066.

[139] TSUNO, T., TOMIKAWA, T., SHIKATA, S., IMAI, T. UND FUJIMORI, N. Diamond (001) single-domain $2x1$ surface grown by chemical vapor deposition. *Appl. Phys. Lett. 64*, (1994), 572–574.

[140] VOISIN, D. Dissertation, Orleans, 1997. Weitere Informationen bei M. Cathonnet (cathonet@cnrs-orleans.fr).

[141] WAGNER, J., WILD, C., MÜLLER-SEBERT, W. UND KOIDL, P. Infrared RAMAN study of the phonon linewidth and the nondiamond carbon phase in (110) and (100) textured polycristalline diamond films. *Appl. Phys. Lett. 61*, (1992), 1284–1286.

[142] WAHL, E. H., OWANO, T. G., KRUGER, C. H., ZALICKI, P., MA, Y. UND ZARE, R. N. Measurement of absolute CH_3 concentration in a hot-filament reactor using cavity ring-down spectroscopy. *Diamond Related Mater. 5* (1996), 373–377.

[143] WAITE, M. M. UND SHAH, S. I. X-ray photoelectron spectroscopy of initial stages of nucleation and growth of diamond thin films during plasma assisted chemical vapor deposition. *Appl. Phys. Lett. 60*, (1992), 2344–2346.

[144] WANG, H. UND FRENKLACH, M. A detailed kinetic modeling study of aromatics formation in laminar premixed acetylene and ethylene flames. *Combust. Flame 110* (1997), 173–221.

[145] WARNATZ, J. *Critical survey of elementary reaction rate coefficients in the C/H/O system.* In Gardiner jr.[53], 1984.

[146] WARNATZ, J., BOCKHORN, H., MÖSER, A. UND WENTZ, H. W. Experimental investigations and computational simulation of acetylene-oxygen flames from near stoichiometric to sooting conditions. In *Nineteenth Symposium (International) on Combustion* (Pittsburgh, 1982), The Combsution Institute, 197–209.

[147] WARNATZ, J. UND MAAS, U. *Technische Verbrennung: physikalisch-chemische Grundlagen, Modellbildung, Schadstoffentstehung*, 2. Aufl. Springer-Verlag, Berlin, 1983.

[148] WARNATZ, J., MAAS, U. UND DIBBLE, R. *Combustion*. Springer-Verlag, Berlin, 1996.

[149] WEI, J. UND YATES,JR., J. Diamond surface chemistry I - A review. *Critical Rev. Surf. Chem. 5*, (1995), 1–71.

[150] WELTER, M. D. UND MENNINGEN, K. L. Radical density measurements in an oxyacetylene torch diamond growth flame. *J. Appl. Phys. 82*, (1997), 1900–1904.

[151] WILD, C., HERRES, N. UND KOIDL, P. Texture formation on polycristalline diamond films. *J. Appl. Phys. 68*, (1990), 973–978.

[152] WOLDEN, C., DAVIS, R. UND SITAR, Z. In situ mass spectrometry during diamond chemical vpaor deposition using a low pressure flat flame. *J. Mater. Res. 12*, (1997), 2733–2742.

[153] WOLDEN, C., GLEASON, K. UND HOWARD, J. A reduced reaction mechanism for diamond deposition modeling. *Combust. Flame 96* (1994), 75–79.

[154] WOLDEN, C., SITAR, Z. UND DAVIS, R. Textured diamond growth by low pressure flat flame chemical vapor deposition. *Appl. Phys. Lett. 69*, (1996), 2258–2260.

[155] WOLDEN, C., SITAR, Z. UND DAVIS, R. *Low-pressure synthetic diamond*. In Dischler und Wild[44], 1998, Kap. 3, 41–58.

[156] YARBROUGH, W., TANKALA, K. UND T.DEBROY. Diamond growth with locally supplied methane and acetylene. *J. Mater. Sci. 7*, (1992), 379–383.

[157] YARINA, K. L., DANDY, D. S., JENSEN, E. UND BUTLER, J. E. Growth of diamond films using an enclosed methyl-acetylene and propadiene combustion flame. *Diamond Related Mater.* 7 (1999), 1491–1502.

www.ingramcontent.com/pod-product-compliance
Lightning Source LLC
Chambersburg PA
CBHW070251230526
45470CB00002B/565